Werner Matthes

Ergotherapie in der Geriatrie

Werner Matthes

Ergotherapie in der Geriatrie

verlag modernes lernen - Dortmund

7. Auflage 2003

Herstellung: Löer Druck GmbH, 44139 Dortmund

Fotos und Zeichnungen: Werner Matthes

Bestell-Nr. 1007 ISBN 3-8080-0359-6

Inhalt

Vorwort 7

Grundlagenteil 9

1. Altsein heute 11
- 1.1 Demographische Gegebenheiten 11
- 1.2 Kranksein im Alter 12
- 1.3 Versorgungsformen 13

2. Der alte und kranke Mensch ... 15
- 2.1 ... seine Situation 15
- 2.2 ... seine Bedürfnisse 16

3. Rehabilitation im Alter 19
- 3.1 Geriatrische Rehabilitation - wozu? 19
- 3.2 Rehabilitative Einrichtungen und Dienste 19
- 3.3 Besonderheiten der geriatrischen Rehabilitation 20
- 3.4 Interdisziplinäre Zusammenarbeit 21

Hauptteil 25

4. Ergotherapie in der Geriatrie 27
- 4.1 Ergotherapeutisches Selbstverständnis 27
- 4.2 Aspekte klinischer Ergotherapie 29
- 4.3 Aspekte ambulanter Ergotherapie 33
- 4.4 Ergotherapie im Langzeitbereich (Heim) 34
- 4.5 Einrichtung einer ergotherapeutischen Abteilung in der Geriatrie 35

5. Praktische Ergotherapie 39
- 5.1 Anmeldung - Verordnung 39
- 5.2 Kontaktaufnahme - Erstgespräch 39
- 5.3 Befundaufnahme 41
- 5.4 Therapieplanung 44
- 5.5 Besondere Anforderungen an den Ergotherapeuten 46
- 5.6 Dokumentation 47

6. Ergotherapeutische Behandlungsverfahren 51
- 6.1 Sensomotorisch-funktionelle Verfahren 51
- 6.2 Selbsthilfetrainings 52
- 6.3 Hilfsmittelversorgung 54
- 6.4 Wohnraumanpassungsberatung 56

6.5 Hirnfunktionstraining 57
6.6 Psycho-soziales Training 58

7. Beispiele ergotherapeutischer Behandlungen 60
7.1 Der Schlaganfall 60
7.2 Das Parkinson-Syndrom 65
7.3 Die Demenz 68
7.4 Die chronische Polyarthritis 76
7.5 Die Beinamputation 79

Schlußteil 83

Weiterführende Literatur und Quellenangaben 85

Glossar 88

Vorwort

Ergotherapie in der Geriatrie will einen lebenspraktischen Beitrag zur Vermeidung von Abhängigkeit, Pflegebedürftigkeit und Depersonalisierung bei Krankheit im Alter leisten.

Mit dieser gründlich überarbeiteten Vorlage möchte ich dem vielfach geäußerten Interesse nach einer weiteren Differenzierung und Aktualisierung nachkommen.

Das Buch wendet sich primär an Auszubildende, Lehrende, sowie Wiedereinsteigern dieser Berufsgruppe. Es will einen Überblick bezüglich der Entwicklung ergotherapeutischer Arbeit mit kranken alten Menschen geben und als Studienbuch zur Lösung spezifischer Probleme in diesem Fachgebiet beitragen.

Darüber hinaus möge es Angehörigen anderer Berufsgruppen, die mit Ergotherapeuten in der Geriatrie eng zusammenarbeiten, Informationen über das berufliche Selbstverständnis geben. Dem Autor ist es hierbei ein besonderes Anliegen, den Kontext, in dem sich Ergotherapie innerhalb der geriatrischen Rehabilitation vollzieht, aufzuzeigen, zum besseren gegenseitigen Verstehen.

Der Hauptteil will in die ergotherapeutische Praxis einführen und an Einzelbeispielen deutlich machen, wie Ergotherapie individuell umsetzbar ist und wo sie beim Betroffenen wirksam werden kann.

Auf eine umfassende Darstellung möglicher Krankheitsbilder im Alter und die daraus resultierenden umfangreichen ergotherapeutischen Einzelmaßnahmen wird bewußt verzichtet. Ausführliche Beschreibungen von Therapieverfahren – und Ansätzen findet der Leser in dazu bereits veröffentlichter Fachliteratur für Neurologie, Orthopädie und Psychiatrie, auf die im Schlußteil hingewiesen wird.

Bielefeld, März 1996 *Werner Matthes*

Anmerkung: Der vereinfachten Lesbarkeit wegen wird allgemein vom Therapeuten gesprochen, was nicht geschlechtsspezifisch zu bewerten ist.

Grundlagenteil

1. Altwerden – Altsein heute

1.1 Demographische Gegebenheiten

Der voranschreitende Altersaufbau der bundesdeutschen Bevölkerung führte und führt in den kommenden Jahren und Jahrzehnten zu weitreichenden Veränderungen.
Konnte man im ausgehenden 19. Jahrhundert die Zahl der über 60Jährigen auf ca. 5 % gemessen an der Gesamtbevölkerung Deutschlands, beziffern, so ist sie in der Bundesrepublik Deutschland im Jahre 1990 bereits auf 23 % angestiegen.
Demographische Prognosen gehen bei dieser Entwicklung bis zum Jahre 2030 von einem Anstieg bis auf ca. 40 % aus.
Unterschiedliche Faktoren ermöglichen es uns heute älter zu werden. Die Bewältigung der daraus sich ergebenden Probleme und Fragestel-

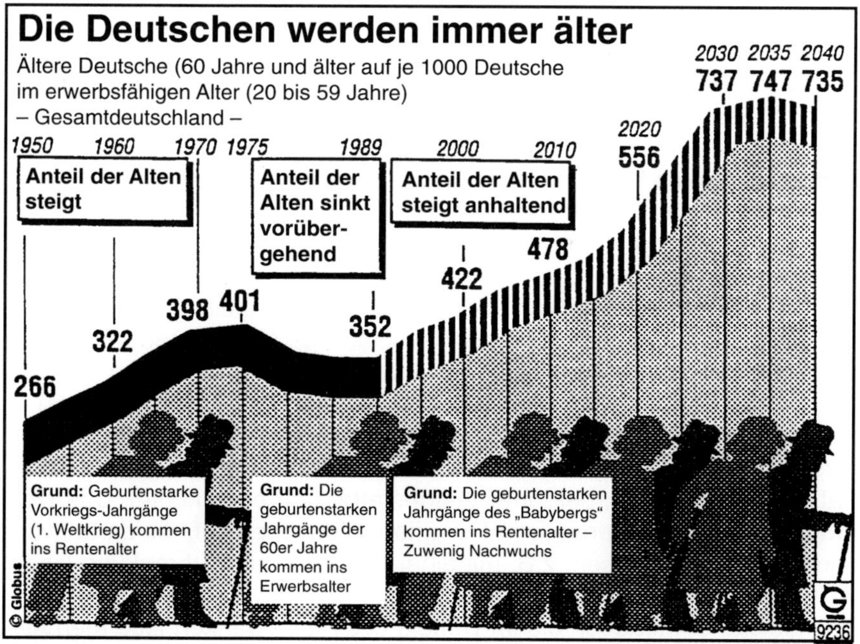

Ursache: Der Grund für die jetzt gültig werdende Rentenreform ist klar ersichtlich. Mit dem stetig wachsenden Anteil der Alten in der deutschen Bevölkerung ist die Geschäftsgrundlage des Generationenvertrages hinfällig geworden. Das Statistische Bundesamt hat erstmals Zahlen für Gesamtdeutschland vorgelegt, nach denen diese Statistik erstellt wurde.

lungen aber gehören gesellschaftlich zu den großen Herausforderungen, mit denen sich u.a. Sozialpolitiker, Mediziner, Ethiker – und nicht zuletzt in der Altenarbeit, wie stationären, sowie ambulanten Pflege und Therapie tätigen Berufsgruppen auseinander zu setzen haben. (vergl. Grafik Seite 11)

1.2 Krankheit im Alter

Zunächst ist das Altern ein biologischer Vorgang und ist mit Krankheit und Krankwerden nicht identisch.
Warum es zum Alterungsprozeß kommt, was ihn einleitet oder beschleunigt, ist bis heute ursächlich nicht geklärt. Alterungshypothesen dagegen gibt es reichlich.
Man weiß verläßlich, daß sich im fortgeschrittenen Alter eine verringernde Anpassungsfähigkeit der körpereigenen Regelkreise an die sich verändernden Umweltbedingungen einstellt und sich wiederum daraus eine Verringerung der Widerstandskräfte ergibt (Bürger).
Somit ist z.B. ein älterer Mensch anfälliger für Erkrankungen, speziell für Infekte (Angina, Bronchitis, Pneumonie etc.). Das Auftreten von Krankheiten nimmt im Alter in der Häufigkeit zu, ihre Auswirkungen sind heftiger als in früheren Jahren und damit werden Krankenhauseinweisungen öfter notwendig. Die Krankheitsdauer und die Erholungszeiten sind im Vergleich zu jüngeren Patienten deutlich länger.
Sicher tragen die Fortschritte der Wissenschaften in Medizin und Technik, Hygiene- und Ernährungsbewußtsein, sowie die Humanisierung der Arbeitswelt und manch andere Faktoren zu einer höheren Lebenserwartung bei.
Die Folgen der gesteigerten Lebenserwartung, bei gleichzeitig rückläufiger Geburtenquote aber stellt die Bevölkerungspyramide auf den Kopf. Daraus resultiert schon jetzt ein unproportionales Ansteigen von kranken alten Menschen. Akutkrankenhäuser weisen bereits heute mit über 50 % alte Menschen in ihrer Belegung aus. Die meisten Kliniken sind von ihrer Gesamtstruktur her nur unzureichend auf die Probleme der geriatrischen Patienten vorbereitet, personell ausgestattet und eingerichtet. Das wirft Fragen nach der Lebensqualität für ältere Menschen auf, die darauf vorbereitet werden müssen, z.B. mit einer folgenreichen Erkrankung leben zu lernen.
Das gleiche betrifft auch die im Umfeld des Alterskranken lebenden Angehörigen, Nachbarn, Kinder etc. Der Wandel von der Großfamilie hin zum Ein- oder Zweipersonenhaushalt, sowie die teilweise unzureichende Wohnungsausstattung, aber auch Finanzierungsprobleme durch die

Kostenträger, machen eine differenzierte, bzw. den Umständen angemessene medizinisch-pflegerisch-therapeutische Betreuung und Versorgung oft kompliziert, ja manchmal schier unmöglich.

1.3 Versorgungsformen

Von den heute ca. 12 Millionen über 60Jährigen leben die meisten Erkrankten in ihrem vertrauten sozialen Umfeld, also zu Hause. Nur ein vergleichbar kleiner Teil, ca. 300 000 ältere Menschen, leben in etwa 6100 stationären Langzeiteinrichtungen. Dabei handelt es sich um einen Personenkreis, der auf Hilfe im engeren Sinn, übergangsweise oder dauerhaft angewiesen ist. Darunter ist der durch das Alter etwas beeinträchtigte, noch recht aktive, motivierte Senior, der aus eigenem Entschluß freiwillig und zur eigenen Entlastung vorzeitig seinen Lebensraum verkleinern und seine Wohnung mit einem Zimmer in einer Versorgungseinrichtung tauschen will, die Ausnahme.
Wiederum 10 % der Hilfebedürftigen, wenn auch mit steigender Tendenz, werden durch die ambulanten Dienste betreut (vergl. nachfolgende KDA-Grafik).

Grob betrachtet könnten hierzulande vier Betreuungsformen unterschieden werden, die die Versorgung kranker alter Menschen sicherstellen sollen:

- *stationäre Einrichtungen*
  z.B. Krankenhäuser, Fachkliniken, Pflegeheime
- *teilstationäre Einrichtungen*
  z.B. Tageskliniken, Tagesheime
- *ambulante Dienste*
  z.B. Sozialstationen, Praxen, Essen auf Rädern
- *offene Einrichtungen*
  z.B. Tagesstätten, Beratungsstellen

Je nach Konzeption, Auftrag und Selbstverständnis dieser einzelnen Institutionen, variiert auch deren Angebot. Zudem sind viele dieser Dienste und Einrichtungen alternativ und flächendeckend noch immer nicht verfügbar.

Allmählich entwickeln sich auch bei uns alternative Betreuungseinrichtungen, z.B. nach niederländischem Vorbild, sogenannte Dienstleistungszentren für Ältere. Diese haben zum Ziel, möglichst stadtteilorientiert, vielschichtige Dienste unter einem Dach anzubieten. Hierhin können sich Ratsuchende und Hilfebedürftige gleichermaßen wenden. Das Angebot

reicht von ambulanter Versorgung bis hin zur übergangsweisen stationären Aufnahme, z.B. wenn einer alleinstehenden, hochbetagten Person bei einem fiebrigen Infekt eine Krankenhauseinweisung erspart werden kann, oder wenn die Entlassung aus dem Krankenhaus direkt nach Hause noch zu riskant wäre.
Therapeutische Dienste, wie Arzt, Physio- und Ergotherapie, aber auch pflegerische Hilfen beim Baden, Fußpflege oder Verbandswechsel können hier in Anspruch genommen werden. Ein offener Mittagstisch ist oft ebenso selbstverständlich, wie eine integrierte Tages- und Begegnungsstätte, bis hin zu einer beschützten Tagesaufenthaltsmöglichkeit für demente Personen, z.B. zur Entlastung von berufstätigen Angehörigen.
Für Ergotherapeuten wird es wichtig sein zu wissen, wo sich entsprechende Einrichtungen befinden, was diese anbieten und zu leisten in der Lage sind, um so z.B. kompetent beraten und an rehabilitativen Entscheidungsprozessen mitwirken zu können.

Auf Pflege angewiesen:

In der Bundesrepublik Deutschland leben etwa 2 Millionen auf Pflege angewiesene Personen ...

... davon werden

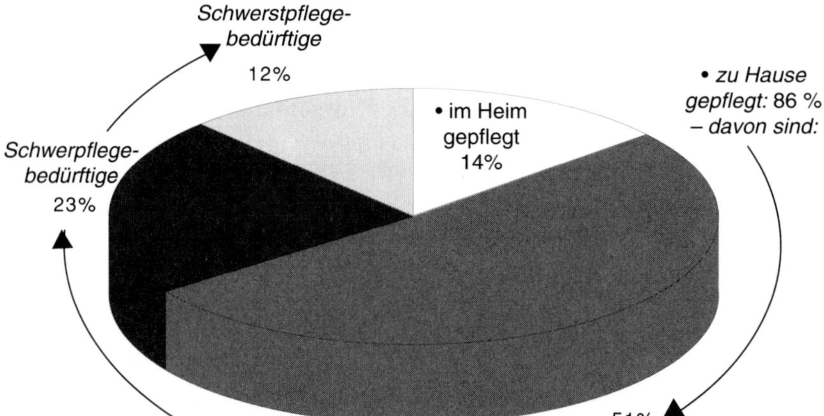

Quelle: Kuratorium Deutsche Altershilfe, Köln

2. Der alte und kranke Mensch ...

2.1 ... seine Situation

Viel ist über *erfülltes* Altwerden nachgedacht und publiziert worden.
Ein jeder hofft, möglichst lange zu leben und einen aktiven *Ruhestand*, möglichst ohne gesundheitliche Einbußen, zu erleben. Aber wie alt werden, wo in unserer jugendbetonten Gesellschaft das *Älterwerden* an sich zu schnell mit Krankheit, Leistungsschwäche und Verfall gleichgesetzt wird?
Manche präventive Ratschläge wecken den Anschein, als würde das Erreichen eines höheren Lebensalters in Gesundheit allein von diversen Anstrengungen, wie täglichem Fitneß, ausgewählter Ernährung, Gehirnjogging und ähnlichem abhängen, ja gerade damit garantiert werden können.
Trifft den aus dem aktiven Erwerbsleben ausgeschiedenen älteren Menschen dennoch eine schwere Erkrankung, muß solch ein Ereignis geradezu stark verunsichern oder bedrohlich wirken. Nicht selten stellen sich nach größeren Ereignissen wie Herzinfarkt oder Schlaganfall postreaktive Depressionen ein. Selbstanklagen werden laut: ... hätte ich doch bloß ...! So hat sich ja der Betroffene sein Alter nicht vorgestellt.
Ganz anders dagegen ist sicher die Situation bei Menschen, die schon länger mit einer chronischen, bzw. degenerativen Erkrankung haben zurechtkommen und leben lernen müssen, deren Krankheitsverlauf und Auswirkungen jetzt im Alter belastender sind.
Als Angehörige eines Rehabilitationsberufes werden wir oft mit dem Anliegen oder der Erwartung konfrontiert, die Symptome *wegzutherapieren*.
Das ist verständlich und zunächst haben wir uns ja auch mit den somatisch objektivierbaren Problemen des Hilfesuchenden auseinanderzusetzen. Eben wegen dieser Beschwerden kommt der Patient in erster Linie zu uns, wird er uns verordnet.
Doch dauerhafte Verlusterfahrung läßt die anfänglich gehegte Hoffnung auf *Wiederherstellung des ursprünglichen Zustandes* bei noch so intensiver Therapie langsam dahinschwinden.
Diese Hoffnung ist oft vergeblich, ja unrealistisch. Ein Patient, der in und durch die Therapie nicht lernt, die kleinen Fortschritte als Erfolge zu registrieren, Nahziele statt Fernziele anstrebt, ist gefährdet zudem psychisch zu dekompensieren, was wiederum das Selbstwertgefühl stark beeinträchtigt.

Der alte und kranke Mensch bedarf unserer verständnisvollen Begleitung. Es gilt, gemeinsam eine gewisse *Dennoch-Haltung* zu entwickeln, um auf einer tragfähigen motivationalen Basis, das bestmögliche in der gegenwärtigen Situation zu erreichen.
Wir Menschen sind als komplexe Wesen angelegt. Unsere *Körper-Seele-Geist-Eineit* ist unteilbar. Das macht die Arbeit in der Geriatrie nicht immer einfach, manchmal auch komplizierter als in anderen medizinischen Disziplinen. Andererseits gibt es wohl keinen Therapiebereich, der ungemein interessanter, vielschichtiger und darum spannender ist als die *Geriatrie*.

In der Wahrnehmung medizinisch-therapeutischer, pädagogisch-psychologischer und sozialer Aufgaben liegt, so meint der Autor, ein großer Reiz wie auch eine große Verantwortung, die neben fachlicher Kompetenz auch immer gleichzeitig den ganzen Therapeuten fordert, ihn manchmal auch an die Grenze der Überforderung bringt.

2.2 ... seine Bedürfnisse

Statistisch-soziologisch betrachtet, mag es die alten Menschen geben, aber den Alten gibt es nicht. Im praktischen Alltag haben wir es zum einen mit kalendarisch Hochbetagten, geistig regen, jedoch oft körperlich hilfebedürftigen Personen, dann wieder motorisch vitalen, aber zerebral veränderten alten Menschen zu tun.
Das Spektrum reicht weiter über intellektuell einfach strukturierte Persönlichkeiten, akademisch Gebildete, bis hin zu körperbehinderten und psychisch Kranken.
So verschieden diese alten Menschen sind, so unterschiedlich sind auch deren Bedürfnisse, Wünsche und Hoffnungen. Die individuelle Biografie, nebst Lebenserfahrungen, beeinflußt und verändert deren Bedarf z.B. nach

- *Zuwendung*
- *Geborgenheit*
- *Sicherheit*
- *Aktivität*
- *Anerkennung*
- *Selbstverwirklichung* permanent.

Je nachdem, welches Bedürfnis dominiert, bzw. derzeit unzureichend befriedigt wird, hat direkten Einfluß auf die Motivationslage eines Alterspatienten und somit auf seine aktive Mitarbeit in der Therapie und Rehabilitation.

Bedürfnisse kennzeichnen immer einen Mangel, den es aktiv zu beheben gilt.
Weil es aber einen Zustand der totalen Bedürfnisbefriedigung nie geben kann, läßt die Sehnsucht nach Erreichen dieses Zustandes im Sinne einer natürlichen Triebfeder unter bestimmten Beweggründen (Motivation), auch einen alten kranken Menschen aktiv werden.
Wollen wir einem geriatrischen Patienten umfassend helfen, motivieren, so muß unser Ziel die Hilfe zur Selbsthilfe sein.
Dazu sollte zunächst immer individuell danach gefragt werden,

- *Was fehlt diesem Menschen eigentlich?*
- *Was will er selbst noch?*
- *Was wäre für ihn besonders wichtig?*
- *Was ist er bereit selber dazu beizutragen?*
- *Wodurch wäre das Ziel erreichbar?*

Für uns Jüngere ist es schon nicht ganz einfach, ein Kind mit seinen Wünschen und Bedürfnissen zu verstehen, obwohl wir alle einmal Kinder waren. Wieviel schwerer muß es uns fallen, alte Menschen mit ihren Bedürfnissen zu verstehen, wo dieser *Er-Lebens*abschnitt uns noch erst bevorsteht?! Stünde es uns nicht allein aus dieser Tatsache heraus an, bei voreiligen Ratschlägen und gutgemeinten Entscheidungshilfen sich immer wieder in Zurückhaltung zu üben? Vor einer Hilfeintervention sollten professionelle Helfer bemüht sein, möglichst viel über die Lebensgeschichte des Betroffenen zu erfahren, um ihm *richtiger*, gezielter helfen – und im Bedarfsall auch in Ruhe lassen zu können.

Nur in Reflexion der primären Bedürfnisse eines Patienten kann eine erfolgreiche therapeutische Interaktion gelingen. Die sich vertrauensvoll entwickelnde Beziehung ist mitentscheidend für den rehabilitativen Prozeß mit all seinen zu erwartenden Höhen und Tiefen, den Fragen nach dem *Warum – Wofür – Wozu*?

Wir Ergotherapeuten in der Geriatrie können *Rehabilitation* nicht *machen*, allenfalls die Bedingungen hierzu versuchen optimal zu gestalten, motivationsstärkende Mittel anbieten, durch sinnvolle, wirklichkeitsnahe, lebenspraktisch ausgerichtete Tätigkeiten und unterstützendes, orientierendes Lob. Den Schritt zur Lebensbewältigung, trotz bestehender Erkrankungen möglicherweise dauerhaft auf Hilfe angewiesen zu sein, muß der geriatrische Patient selbst schaffen. Die Entwicklung einer *Dennochhaltung*, also die Stärkung des Lebenswillens, mit u.U. bleibenden Einschränkungen leben oder mit Fremdhilfe, bzw. Hilfsmitteln zurechtkommen zu wollen, wäre ein großer therapeutischer Erfolg.

Ergotherapie kann hierzu insbesondere ein lebenspraktischer Wegweiser und Begleiter sein.

Die nachfolgende Grafik *Lebensbaum* könnte helfen, den biografischen Hintergrund eines solchen Menschen zu erhellen, seine Verhaltensweisen und Reaktionen zu verstehen, wo andere Informationen schwer zugänglich sind oder fehlen.
In 10-Jahresabständen ließe sich, wie bei einem Baumschnitt, ein Eindruck von dem gewinnen, was den geriatrischen Patienten von seiner Geburt bis heute bezüglich

- *Erziehung – Schule – Ausbildung*
- *Familienleben – politische Wirren*
- *Arbeitsleben – Karriere*
- *Erfolge – Krisen*
- *Erkrankungen – Verluste – Trauer, etc.* geprägt hat.

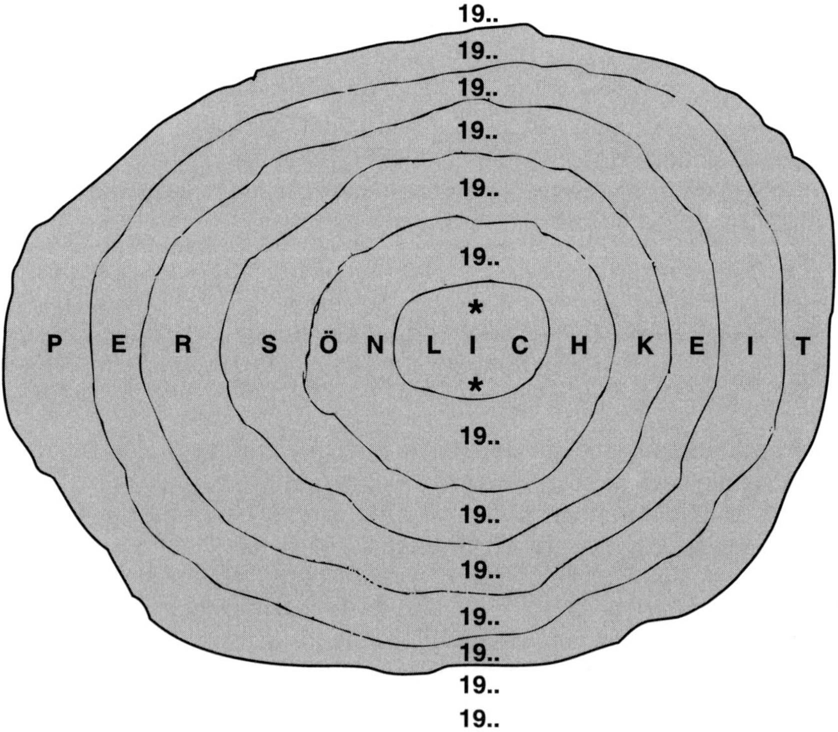

3. Rehabilitation im Alter

3.1 Geriatrische Rehabilitation* – wozu?

Vischer sagt: Der alte Mensch ist so lange gesund, als er mit den Gebrechen und Einbußen des Alters selbst fertig wird.
Rehabilitation älterer Kranker könnte demnach der Versuch sein, somatische, kognitive und psychosoziale Fähig- und Fertigkeiten so zu stabilisieren, zu erhalten und zu fördern, daß weitestgehende Abhängigkeit von Fremdhilfe verhindert, verringert oder unnötig wird.
Die Bemühungen finden in der Regel keinen zeitlich datierbaren Abschluß, sondern werden zu einem unbestimmten, oft dauerhaften Prozeß.
Das primäre Rehabilitationsziel in der Geriatrie wäre, in Anlehnung an die WHO, so zu definieren: dem Alterspatienten die Lebensbedingungen so zu gestalten, daß er so lange wie möglich in seiner vertrauten Umgebung verbleiben oder dahin wieder zurückkehren und dort ein selbstbestimmtes Leben führen kann. Dieses Begriffsverständnis könnte auf eine klinische, ambulante wie Heimrehabilitation übertragbar sein und schließt gleichsam Mißverständnisse z.B. zu anderen Rehabilitationszielen und Interpretationen aus.
Die Behandlungs- und Pflegebedürftigkeit älterer Menschen liegt stets höher als bei jüngeren. Bereits heute belegen Alterspatienten mehr als 50 % aller klinischen Betten, mit steigender Tendenz. Die dort klassisch betriebene befundorientierte, diagnostisch-therapeutische Routine, eingebunden in ein oft starres Zeitsystem, kann in den meisten Fällen den rehabilitativen Erfordernissen der Geriatrie und den Bedürfnissen der geriatrischen Patienten nicht gerecht werden.

3.2 Rehabilitative Einrichtungen und Dienste

Seit einigen Jahren werden daher immer mehr Planungen spezieller geriatrischer Abteilungen in Allgemeinkrankenhäusern vorangebracht und umgesetzt, die mit ihren multidisziplinären, rehabilitativen Konzepten angemessener, problemorientierter, ganzheitlicher und manchmal auch kostengünstiger das Ziel der individuellen Altersrehabilitation verfolgen.
Daneben haben sich zukunftsweisend medizinisch-geriatrische Fachkrankenhäuser mit ihrer nachweislich erfolgreichen Arbeit längst bewährt, wenngleich deren Angebot, gemessen an dem Bedarf, noch lange nicht

---

* Definition: Geriatrie = Lehre/Wissenschaft von den Alterserkrankungen; Rehabilitation = Wiederherstellung, Wiedereingliederung, in die Lage versetzen

ausreicht. Ein Grund dafür mag sein, daß erst jetzt die Geriatrie innerhalb der Medizin, an den Universitäten, therapeutischen Lehranstalten und Pflegeschulen eine größere Aufwertung erfährt.
Da sich der Rehabilitationsbedarf nicht nur auf diejenigen Älteren beschränkt, die im Sinne des Krankenversicherungsgesetzes krank sind, sondern nach dem SGB V auch die Personen einbezieht, die an chronischen, degenerativen Erkrankungen leiden, schließt dies rehabilitative Ansprüche in stationären Langzeiteinrichtungen, sowie im häuslichen Bereich mit ein.

3.3 Besonderheiten der geriatrischen Rehabilitation

Das Idealziel der gesundheitlichen Rehabilitation im Sinne einer umfassenden Wiederherstellung des ursprünglichen Zustandes beim Alterspatienten ist eine Illusion.
Die häufig vorhandene Multimorbidität und zeitlich begrenzte Zukunft des Patienten bedarf kleinerer Ziele, also eher Nah- als Fernziele.
Geriatrische Rehabilitation bezieht sich auf ein *Leben lernen mit Einschränkungen.*
Sie möchte zur Erhaltung von Lebensqualität, z.B. durch Wiedererlangung weitestgehender Selbständigkeit und Wahrnehmung von Eigenverantwortlichkeit beitragen, will Folgeschäden und der Zunahme von Immobilität und sozialer Isolation vorbeugen.
Eine individuelle, realistische Zielsetzung, orientiert an der Anamnese, dem akuten Krankheitsgeschehen und den momentanen Lebensumständen ist angesagt.
Es muß gefragt werden, wie denn der Patient, unter Berücksichtigung seiner Behinderungen und Einschränkungen zu größstmöglicher Selbständigkeit und Autonomie geführt werden könnte.
Geriatrische Rehabilitation ist nie ein Monopol einer einzelnen Berufsgruppe, sondern nur innerhalb eines therapeutischen Gesamtkonzeptes zu verwirklichen, bzw. erfolgreich, in dem der Arzt, die Fachpflege, die Therapeuten, der Psychologe, Sozialarbeiter, der Seelsorger und andere gleichermaßen ihren Anteil haben.
Zudem ließen sich zwei Gruppen von Alterspatienten unterscheiden:

a) Personen, bei denen ein intensives reaktivierendes Training zur Dekompensation funktioneller Störungen und Vermeidung von Komplikationen erfolgen soll, sowie zur Erreichung weitestgehender Eigenständig- also Unabhängigkeit.

Hier könnte auch von *externer Rehabilitation*, z.B. bei Entlassung in das eigene Zuhause, gesprochen werden.

b) Personen, bei denen die rehabilitativen Interventionen ein weiteres rapides Fortschreiten von Funktionseinbußen und Folgeerkrankungen in ihrem verbliebenen Lebensraum verhindern sollen. Hier könnte auch von einer *internen Rehabilitation*, z.B. im Pflegeheimbereich, gesprochen werden, wo über längere Zeiträume, manchmal dauerhaft, aktivierende, animierende Maßnahmen rehabilitative Erfolge zeigen.

3.4 Interdisziplinäre Zusammenarbeit

Eine erfolgreiche Rehabilitation des geriatrischen Patienten setzt, unter ärztlicher Koordination, Aufsicht und Verantwortung, primär eine gute Abstimmung und Zusammenarbeit zwischen Pflegenden und Therapeuten voraus. Je nach Aufenthaltsort und Zielsetzung, d.h. stationärer, teilstationärer oder ambulanter Betreuung des Patienten, ist das therapeutische Team auf andere mitrehabilitierende, bzw. beratende Personen, wie Diätberater, Sozialarbeiter, aber auch nicht zuletzt auf pflegende Angehörige auszudehnen.
Konkurrenzverhalten, mangelhafte Kooperation, fehlende Informationswege und persönliche Animositäten im Team, können Rehabilitationsmaßnahmen behindern und Erfolge zunichte machen. Daher wäre oft eine koordinierende, strukturierende und integrierende Leitung des Rehabilitationsteams durch einen in der Geriatrie erfahrenen Arzt wünschenswert und hilfreich. Im folgenden sollen darum das Selbstverständnis und die möglichen Rollen einzelner am Rehabilitationsprozeß beteiligter Berufsgruppen beschrieben werden:

Der Arzt
Er nimmt, soweit vorhanden, eine zentrale Stellung im Rehabilitationsteam ein. Seine Aufgabe ist es, aufgrund vorhandener Berichte und Untersuchungen, die Diagnostik zu ergänzen und Funktionsstörungen mit Hilfe der therapeutischen Dienste qualitativ, wie quantitativ möglichst genau zu erfassen.
Daraus entwirft er eine Behandlungsstrategie, beobachtet den Therapieverlauf und legt anhand der therapeutischen Ergebnisse weitere für den Rehabilitationsverlauf erforderliche Behandlungsmaßnahmen fest.
Damit trägt der Arzt für den Gesamtverlauf der Rehabilitation auch die Verantwortung beim einzelnen Patienten. Das setzt voraus, daß er zu seinem ärztlichen Wissen über spezielle Kenntnisse auf den Gebieten der anderen therapeutischen Dienste verfügen muß, um die Einzelmaßnahmen und Ergebnisse sachgerecht beurteilen zu können.

Die Fachpflege

Die Pflegenden sind von allen anderen Berufsgruppen in der Rehabilitation diejenigen, die zeitlich am längsten mit dem Patienten zusammen sind. Ihr Pflegeselbstverständnis innerhalb der Geriatrie sollte, unabhängig vom Einsatzort, ein therapeutisch-reaktivierendes sein. Keine andere Berufsgruppe hat größere Chancen, einen Patienten gründlicher zu beobachten, auf seine Ressourcen einzugehen, Grenzen einzuschätzen und ein rehabilitatives Milieu zu schaffen, auf dem weitere Behandlungsmaßnahmen fruchten können.

Pflege im traditionell ausschließlich versorgenden, körperbezogenen Verständnis, welches ein Aktivsein und -werden des Patienten ausklammert und sich nur an den Defiziten orientiert, macht jedes rehabilitative Bemühen zunichte. Eine rehabilitative Pflege unterstützt den Alterspatienten so bald wie möglich nur da, wo er selbst noch nicht oder gar nicht mehr kann. Sie plant die Pflege individuell, dokumentiert und überprüft die Ergebnisse und plant erneut.

Die Physiotherapie

Aufgrund einer sorgfältigen Bewegungsanalyse will die Physiotherapie funktionsgerechte Bewegung anbahnen, erhalten und fördern. Die krankengymnastischen Übungen dienen der Bewegungserhaltung, Kräftigung, Streckung der Belastungsausdauer, sowie der Wiederherstellung funktionaler Bewegungsabläufe und motorischem Geschick.

Bei zentralnervösen Störungen will sie zur Regulierung des Muskeltonus, der Haltungskontrolle und Anbahnung physiologischer Bewegungen durch speziellere Behandlungsverfahren beitragen, um pathologischen Folgeschäden vorzubeugen, z.B. nach Bobath.

Weitere physiotherapeutische Indikationen sind Herz- und Kreislauferkrankungen, periphere Durchblutungsstörungen, sowie Erkrankungen des Bewegungs- und Stützapparates.

Die physikalische Therapie

Der hohe Stellenwert, den Massagen und medizinische Bäder in der Geriatrie haben, liegt begründeterweise in der Tatsache, daß diese Maßnahmen als eine besonders wohltuende Art der passiven Entspannung und Linderung bei muskulären Beschwerden vom Alterspatienten erlebt werden. Diese Behandlungen lockern und stimulieren das Gewebe.

Schmerzen bei degenerativen und entzündlichen Prozessen werden durch Wärme- bzw. Kälteanwendungen gemildert. – Zudem tragen Lymphdrainagen zur Abschwellung von Ödemen bei.

Die Logopädie

Im Rahmen der geriatrischen Rehabilitation gewinnt die Logopädie zunehmend an Bedeutung, wenn man bedenkt, daß ein Viertel der Alterspatienten neurologische Probleme hat, also an Kommunikationsstörungen (nicht sprechen, verstehen, lesen oder schreiben können), sowie an Eß-, Kau- und Schluckproblemen leidet.

Der Sozialdienst

Eng mit den therapeutischen Bemühungen in der geriatrischen Rehabilitation sind die Maßnahmen zur sozialen Wiedereingliederung verbunden. Durch Auskunft und Beratung über verschiedene Hilfsmöglichkeiten, sowie konkrete Vermittlung sozialer Dienste, kann bei den Betroffenen wie Angehörigen wesentlich zur Bewältigung der veränderten Lebenssituation beigetragen werden, so z.B. durch

- Hilfen zur Erreichung von Versicherungsleistungen
- Hilfen zur Wohnraumanpassung
- Anschluß an ein Notrufsystem
- Hilfen zur Weiterführung des Haushalts
- Essen auf Rädern
- Organisation von Fahrdiensten

  und vieles mehr.

Hauptteil

4. Ergotherapie in der Geriatrie

4.1 Ergotherapeutisches Selbstverständnis

Schon im Altertum wußten Griechen und Römer um die Auswirkungen von Passivität als Folge von Krankheiten. Vom griechischen Arzt Galen aus Pergamon stammt der Satz:
„Sinnvolles Tun ist der beste Arzt, den uns die Natur gegeben hat“.
Man kannte die positive Wechselwirkung von medizinischer Intervention bei gleichzeitiger Aktivierung, um einer Regression, Depression oder Apathie entgegenzuwirken.
„Ergo“, von dem griechischen *„to ergon“* abgeleitet, beinhaltet aber weitaus mehr, als in der deutschen Übersetzung *„Beschäftigung – Arbeit“* zum Ausdruck kommt. Zudem sind beide Begriffe einerseits durch Assoziationen aus dem Freizeitbereich und andererseits durch die jüngere deutsche Geschichte negativ besetzt.
To ergon hat eine vielfältigere Bedeutung: *Werk – Tat – Handeln – etwas leisten – sich betätigen – sich anregen lassen – kreativ und schöpferisch tätig sein – zurechtkommen im Alltag,* – also körperlich, seelisch und geistig aktiv sein.
Die Ergotherapie gehört wie die Physiotherapie zu den medizinischen Heilberufen. Das Gesetz über das Berufsbild formuliert ihren Auftrag wie folgt: (n. *Dohm/Raps*)

„Die Ergotherapie ist eine wichtige Heilmaßnahme zur Rehabilitation Kranker und Behinderter. Unter ärztlicher Aufsicht soll sie dazu dienen, die Wiederherstellung und den bestmöglichen Gebrauch aller Funktionen von Körper und Geist zu fördern mit dem Ziel, kranken und behinderten Menschen so zu helfen, daß diese ihre beruflichen, sozialen und häuslichen Bedürfnisse erfüllen und so am Leben im umfassenden Sinne wieder teilhaben können.“

Bezogen auf die Geriatrie als medizinische Fachdisziplin, geht es hier vor allem um ältere Menschen, die an akuten oder chronischen Erkrankungen aus den Gebieten der

– *Neurologie*
– *Orthopädie*
– *Innere Medizin und*
– *Gerontopsychiatrie* leiden.

Alterserkrankte sind besonders gefährdet, die Selbständigkeit und damit ihre Individualität in vielen Bereichen des täglichen Lebens zu verlieren.

Da im Einzelfall oft von einer bestehenden Multimorbidität ausgegangen werden muß, ist eine fachübergreifende Denkweise erforderlich, die dem Ergotherapeuten im Rehabilitationsteam die Rolle des *professionellen Verselbständigers* zuweist. Die Ergotherapie setzt also immer da an, wo es um die Erhaltung und Förderung insbesondere von lebenspraktischen und handlungsbezogenen Fähig- und Fertigkeiten geht.
Ihre Maßnahmen sind stets handlungsorientiert ausgerichtet.

Ergotherapie in der Geriatrie

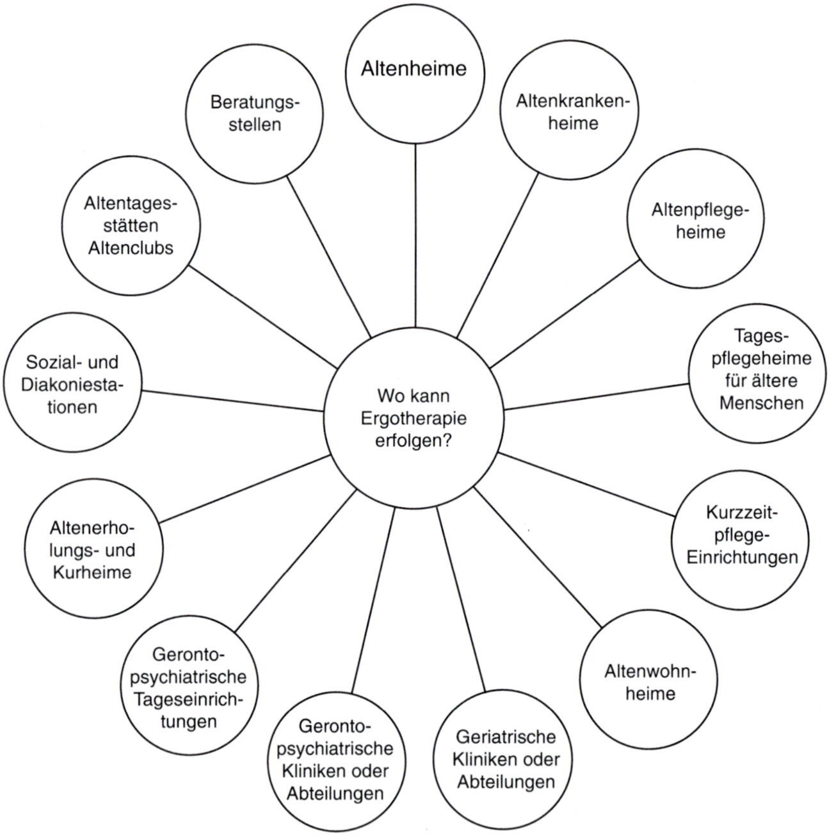

Sie könnten u.a. wie folgt aussehen:

* gezieltes Training der Selbstversorgung in persönlichen Bereichen, wie z.B. das Einüben der Körperpflege, das An- und Auskleiden, etc.

* Erprobung und Anpassung notwendiger Hilfsmittel, wie Rollstuhlversorgung, ökonomische, bzw. gelenkschützende Hilfen in Küche und Bad/WC , etc.
* sensomotorische Trainings, z.B. nach dem Bobath- oder Perfetti-Konzept, bei neurologischen Erkrankungen
* neuropsychologische Therapie zur Verbesserung der Wahrnehmungsverarbeitung, der Orientierung, Erinnerungs- und Merkfähigkeit
* sozial-kommunikative Therapie zur Erhaltung von Umgangskompetenzen, auch Anregung zum gemeinsamen Tun, Singen, Spielen und Festefeiern.

All dies wird in den verschiedensten Einrichtungen unterschiedlich gewichtet und je nach Erforderlichkeit in Einzel- oder Gruppentherapie praktiziert (vergl. Grafik Ergotherapie in der Geriatrie).

4.2 Aspekte klinischer Ergotherapie

Alle medizinisch-therapeutischen Anwendungen und rehabilitativen Maßnahmen werden ärztlich angeordnet. Der Arzt beauftragt die verschiedenen Therapeuten mittels einer schriftlichen *Verordnung* oder *Anmeldung* am Patienten tätig zu werden.
(vergl. nachfolgende Muster)
Er übernimmt durch seine Unterschrift die Verantwortung für die Durchführung dieses Auftrags.
Im Übergabegespräch sollte die spezielle Zielsetzung der verordneten Maßnahme festgelegt werden. Über die jeweilige therapeutische Methode, Einsatz von Therapiemitteln, Durchführung in Einzel- oder Gruppentherapie, entscheidet der Therapeut eigenverantwortlich. Dazu sollte er über ausreichende Kompetenzen in der Einschätzung des Krankheitsbildes, der Befunderhebung, im Abschätzen der körperlichen und seelischen Belastbarkeit, sowie zum Erfassen naheliegender Bedürfnisse seitens des Patienten verfügen.
Der Ergotherapeut hat den individuellen Behandlungsplan selbständig zu erstellen und diesen je nach Erforderlichkeit an die Gesamtsituation zu adaptieren.
Zu den weiteren Aufgaben gehört die Dokumentation des Behandlungsverlaufes. Hier werden alle bedeutsamen Beobachtungen und Ergebnisse des Therapieprozesses festgehalten. Die Verfahren dazu werden in den Kliniken recht unterschiedlich gehandhabt, sei es über frei formulierte Notizen, bis hin zum Ausfüllen oder Einspeichern von Checklisten zur Objektivierung des Gesamtverlaufes im Vergleich zum Aufnahme- und Entlassungsbefund, z.B. an Hand des Barthel-Indexes oder ADL-Scala

nach Katz (vergl. Füsgen 1991). Diese schriftlichen Dokumentationen sind nicht nur als Berichtsgrundlage für Therapie- und Fallbesprechungen oder für Visiten erforderlich, sondern zudem hilfreich in Vertretungssituationen, bei Urlaub, Krankheit etc.

Die Behandlungsdauer pro Patient liegt im klinischen Bereich zwischen 1/2 bis 3/4 Stunde maximal. Das Behandlungsaufkommen pro Therapeut und Tag liegt bei ca. 10-12 Patienten. (Im ambulanten Bereich regelt dies der Vertrag über die Leistungsvereinbarung mit den Krankenkassen.)

Über die Häufigkeit der Sitzungen werden im Einzelfall mehrere Faktoren wie

- allgemeine Befindlich- und Belastbarkeit,
- Konzentrationsfähigkeit und das
- primäre Rehabilitationsziel entscheiden.

Muster

Ergotherapie

Verordnung

Pat. Daten /
Aufkleber

Station:
Zimmer:

Diagnose:

Reha – Ziel:

(Zutreffendes ist anzukreuzen/zu unterstreichen)

Funktionelle Therapie	ADL – Training
z.B. Hemiplegietherapie Sensibilitätstraining körp. Belastungstraining Koordinationsübungen Standausgleichstraining	z.B. Selbsthilfetraining Haushaltstraining Citytraining / Einkaufen Hilfsmittelversorgung Hausbesuch (mobile Ergo)
Hirnfunktionstraining	**psycho – soziales Training**
z.B. Wahrnehmungstraining Gedächtnistraining Konzentrationstraining Realitäts-/Orientierungstrg.	z.B. psychische Stabilisierung aktivierende Beschäftigungstherapie

Datum:

Unterschrift des Arztes

***Muster** einer ärzlichen Patientenanmeldung*

Medizinisch-geriatrische Klinik

Muster

Name:
Station:
Datum:

Ergotherapie

Anlage zum Verordnungsbogen

Jahr Monat	1	2	3	4	5	6	7	8	9	10	11	12	13	14	15	16	17	18	19	20	21	22	23	24	25	26	27	28	29	30	31

Therapieziel:

besonders zu beachten:

Datum	Behandlungsplan / Technik / Bemerkungen zum Verlauf

4.3 Aspekte ambulanter Ergotherapie

Unter Berücksichtigung des individuell medizinisch-therapeutischen Bedarfs, ist im bundesdeutschen Krankenversicherungswesen von einem gestuften Versorgungsangebot auszugehen (§ 40 SGB V):

- ambulante Rehabilitationsmaßnahmen, möglichst wohnortnah
- ambulante Rehabilitationsmaßnahmen in einem Kurort
- stationäre Rehabilitationsmaßnahmen in einer für das Krankheitsbild geeigneten Einrichtung, z.B. Fachabteilung, Fachkrankenhaus oder Rehabilitationsklinik

Voraussetzungen für die jeweilige Rehabilitationsform sind u.a.

- Heilung oder Besserung der Erkrankung
- Verhütung einer Zustandsverschlechterung
- Verhinderung von Sekundär- und Folgeerkrankungen
- Vermeidung oder Minderung drohender Abhängig- und Pflegebedürftigkeit

Eine immer dringlichere Aufgabe wird es, kranke alte Menschen im Anschluß an einen Krankenhausaufenthalt ambulant in ergotherapeutischen Praxen oder durch ärztlich verordnete Hausbesuche weiterzubehandeln. Dieses Rehabilitationsangebot ist bislang noch nicht überall flächendekkend verfügbar. Wo diese Therapieform ambulant vorhanden ist, trägt es entscheidend dazu bei, die Lebenssituation von Betroffenen und pflegenden Angehörigen zu verbessern.

Die ergotherapeutischen Ziele können hier insbesondere sein:

- das therapeutisch im *Klinik-Labor* Erreichte jetzt im vertrauten Lebensumfeld umzusetzen, zu stabilisieren und weiter zu entwickeln
- die Lebens- und Wohnbedingungen im Blick auf die Funktionseinschränkungen zu überprüfen
- Vorschläge zur Wohnraumanpassung oder -umgestaltung zu machen, die den Einschränkungen Rechnung tragen, z.B. durch Sicherstellung gefahrloser Mobilität, Installation von funktionsausgleichenden Hilfsmitteln, etc.
- Beratung und Training von Angehörigen in Fragen einer rehabilitativen und gesundheitserhaltenden Handhabung der Betroffenen, z.B. durch ein entsprechendes rückenschonendes Handling, richtiges Umgehen und Einsetzen von Hilfsmitteln, Prothesen, etc.

  (vergl. *Pape* 1994 u. *Urbas* 1994)

Das alles hilft zudem u.U. weitere stationäre Einweisungen zu vermeiden, vorzeitige Heimunterbringung zu verhindern, Angehörige vor körperlicher und psychischer Überlastung zu bewahren. Nicht zu übersehen ist der kostendämpfende Effekt.

4.4 Ergotherapie im Langzeitbereich (Heim)

In diesen Einrichtungen sehen wir uns in der Regel einer Zielgruppe gegenüber, die weitestgehend dauerhaft hilfebedürftig ist und aller Voraussicht es auch bleiben wird. Hier leben vor allem Menschen, die nicht mehr ohne umfassende Fremdhilfe zurecht kämen, alleinlebend gefährdet wären, was z.B. die regelmäßige Nahrungsaufnahme, Einnahme von Medikamenten, mögliche Verunfallung oder Umgang mit elektrischem Gerät, etc. angeht.

Es ist sicher immer richtig, zunächst genauer hinzusehen, ob nicht eine andere Betreuungsalternative zur Lösung der Probleme beitragen könnte. Dies kann im Einzelfall wünschenswert sein, doch pauschal von *Abschiebung* Pflegebedürftiger in stationäre Langzeiteinrichtungen zu sprechen, ist häufig undifferenziert, manchmal auch ungerecht.

Sicher gibt es immer wieder Heime, bei denen vorrangig wirtschaftliche Interessen und nicht die Bedürfnisse der zu Betreuenden im Mittelpunkt stehen, deren deprivatisierender Umgang, sterile Atmosphäre und hospitalisierende Versorgung Anlaß zu berechtigter Kritik geben mag.
Die Schutz- und Hüterfunktion mancher Institution kann aber oft auf ihre eigene Weise positive Auswirkungen bei chronisch Kranken zeigen, die in diesem System, ohne Leistungsanspruch und Erwartungsdruck, sich neu organisieren und zurechtfinden lernen.

Wenngleich in unserem noch am Defizitdenken orientierten Gesundheitssystem immer wieder aufwendige, umfassende Pflege und Betreuung finanziell höher *belohnt* werden als ein selbständigkeitsfördernder, prävertiver Umgang, bieten qualifizierte Heime reaktivierende Tages- und regelmäßig wiederkehrende Wochenangebote an, um den Negativauswirkungen, die durch Selbstisolation, Regression, Depression und Depersonalisierung entstehen, entgegenzuwirken.

Die Ziele der Ergotherapie in solchen Langzeiteinrichtungen sind daher eher auf eine interne *Rehabilitation* ausgerichtet. Das heißt, es geht vor allem um:

- funktionell erhaltende, geistig anregende und psycho-sozial stabilisierende Hilfen,

- kompensatorische Hilfen bei Funktionsverlusten, die, z.B. durch Hilfsmittel, zu einem Funktionsausgleich bei Verrichtungen im Alltag beitragen sollen,
- Heben des Selbstwertgefühls im gemeinschaftlichen Tun und Erleben mit anderen, durch gestalterische, spielerische Angebote, sowie kulturelle Maßnahmen, Veranstaltungen, aber auch Unternehmungen, wie Einkäufe, Ausflüge, nicht zu vergessen: das Feiern von Festen.
  (vergl. Matthes 1993)

4.5 Einrichtung einer ergotherapeutischen Abteilung in der Geriatrie

Sicher wird stets die Größe der jeweiligen Einrichtung, die Anzahl der Patienten und vorgesehenen Mitarbeiter, sowie die Therapieschwerpunkte über Einrichtung und Ausstattung einer solchen Abteilung entscheiden.

Grundvoraussetzungen für alle Räumlichkeiten sind u.a.

- *ausreichende Türrahmenbreite für Rollstuhlfahrer (mind. 82 cm)*
- *Automatik- oder Schiebetüren*
- *gute Lichtverhältnisse*
- *helle Wandfarben*
- *optimale Belüftungsmöglichkeiten*
- *Wasseranschluß*
- *Erste-Hilfe-Set und Rufanlage*
- *Feuerlöscher*

1. räumlich-funktionale Voraussetzungen, allgemein

- ein größerer Mehrzweckraum für funktionelle Behandlungen, werktherapeutische Arbeit und zur Durchführung von Kleingruppenangeboten
- ein Einzeltherapieraum für konzentrative Maßnahmen wie Hirnleistungstrainings, aber auch neuropsychologische Behandlungen
- eine Werkstatt für Holz- und Keramikarbeiten, Erstellen von Hilfsmitteln, Schienen und selbst anzufertigenden Therapiemitteln
- ein Übungsraum für lebenspraktische Trainings (ADL), mit Küchenzeile, evtl. auch angegliedertem Bad/Dusche/WC
- div. Lagerraum für Therapiegerät, Hilfsmittel, Werk- und Spielmaterialien, Festdekoration, etc.
- Büro-, Personalaufenthalts- und Besprechungsraum, evtl. mit Umkleidemöglichkeit, WC, Dusche

2. Ausstattung der Räume, allgemein

a) Mehrzweckraum

- stabile und rollstuhlunterfahrbare Arbeitstische (70-75 cm hoch)
- mindestens ein höhen- und neigungsverstellbarer Gruppenarbeitstisch (2 m x 1 m)
- stabile Stühle (DIN 33402, Sitzhöhe 40-45 cm) mit fester gerader Sitzfläche, aufrechter Rückenlehne, teils mit und ohne Armlehnen
- ein höhenadaptierbarer, roll- und bremsbarer Therapiestuhl
- Regale oder Schränke mit Schiebetüren
- eine stabile, rustikale Sitz- oder Therapiebank ohne Rückenlehne
- evtl. höhenverstellbarer, abnehmbarer Wandtisch zum Adaptieren eines Webrahmens oder Spielbretts
- Sitzhocker für Therapeuten
- Fußbank
- evtl. Deckenrost zur Ablage von Therapiegerät und -material, bzw. zum Aufhängen von Gerät und Lampen, etc.

b) Einzeltherapieraum

- höhenverstellbare und rollbare Liege, z.B. zur Tonusregulierung, Schulteraufdehnung, etc.
- ein kleinerer, evtl. höhenverstellbarer Tisch, zwei Stühle, ein Hocker
- Regal oder Schrank, zur Aufbewahrung von funktionellem Gerät, Testbögen, etc.
- zwei Fußkisten unterschiedlicher Höhe, z.B. zum Training der Gewichtsverlagerung im Stand bei Hemiplegiepatienten
- eine Gymnastikmatte
- div. Lagerungskissen

c) ADL-Übungsraum

- unterfahrbare Anrichte oder Arbeitsplatte mit Spüle und Hängeschränken zur Lebensmittelaufbewahrung
- Backherd, Kühlschrank
- evtl. höhenverstellbarer Eßtisch, div. Stühle
- Schrank für Hilfsmittel, Alltagshilfen

d) Übungsbad – Patienten-WC

- unterfahrbares Waschbecken mit Haltegriffen
- Kippspiegel
- gut erreichbare und praktische Armaturen, z.B. Kipphebel
- von allen Seiten benutzbare Badewanne auf Rollen, damit die häusliche Situation nachgestellt werden kann, div. Halte- und Aufrichtegriffe
- Anti-Rutschmatte
- Wannensitz, Wannenbrett

- Wannenlifter, z.B. „Aquatec“
- WC-Sitzerhöhungsring, WC-Aufstehhilfen
- WC-überfahrbarer, feststellbarer Toilettenstuhl, der auch als Dusch- oder Nachtstuhl kombiniert verwendbar ist

e) Werkstatt

- Hobelbank (55 x 160 cm)
- Werkzeugschrank, incl. elektr. Bohrmaschine, Stichsäge
- adaptierbarer Werktisch, sowie div. Stühle
- Beistelltisch mit Bohrstativ
- Industriewaschbecken (Tiefe ca. 40 cm), z.B. zum Einweichen von Rohrarbeiten
- transportables Heißwasserbecken, zum Fertigen von Schienen, sowie Heißluftfön
- Rollpalette für Tonmehlkiste, Fertigmasse
- Deckenrost („Himmel“) als Ablage für Holz, Peddigrohr, etc.

f) Büro

- verschließbarer Schreibtisch (Patientendokumente, Akten, Geld)
- Schreibtischstuhl
- Sitzgruppe für Vertreterbesuch, Einzelgespräche, etc.

Für den ambulanten Bereich ist die detaillierte Ausstattung einer Praxis durch die Krankenkassenverbände in deren Zulassungsbestimmungen geregelt.

5. Praktische Ergotherapie

5.1 Anmeldung – Verordnung

Alle therapeutischen Anwendungen und Maßnahmen werden ärztlich verordnet. Der Arzt meldet direkt oder indirekt den Patienten durch die von ihm unterschriebene Anmeldung oder Verordnung an. Er übernimmt damit für das therapeutische Verfahren die Verantwortung und beauftragt den Therapeuten, entsprechend der Verordnungsindikation, jetzt tätig zu werden. Im ambulanten Bereich erfolgt dieses durch ein entsprechendes Rezept.
Anmelde-, bzw. Verordnungsbögen sind je nach Art der geriatrischen Einrichtung, durch Erfahrungen der Praxis und entsprechend der Abrechnungstermini der Krankenkassen unterschiedlich gestaltet (vergl. Muster zu 4.2).

5.2 Kontaktaufnahme – Erstgespräch

Das Erstgespräch ist entscheidend für die Entwicklung einer positiven Entwicklung in der Patienten-Therapeuten-Beziehung. Neben der persönlichen Vorstellung ist es u. U. auch für den Patienten erforderlich, kurz den eigenen therapeutischen Auftrag oder die Rolle als Ergotherapeut innerhalb des Rehabilitationsteams darzustellen.
Grundlage eines rehabilitativen Klimas ist (n. Rogers):

– eine einfühlsame, verständnisvolle Vorgehensweise bei der Kontaktaufnahme, die den Patienten mit seinem Leidensdruck und Hoffnungen ernst nimmt.

Zudem sollten die aktuellen Wünsche und Bedürfnisse erfaßt und, wenn möglich, therapeutische Ziele verabredet werden, um den Patienten selbst aktiv an dem therapeutischen Prozeß zu beteiligen.

Ein Fallbeispiel:

Frau H., 74 Jahre alt, Zustand nach beidseitiger Hüftoperation mit endoprothetischer TEP-Versorgung wurde nach überstandener Akutbehandlung in der orthopädischen Abteilung eines Allgemeinkrankenhauses wegen „geringer körperlicher Belastbarkeit und primärer Stabilisierung“ zur weiteren Nachsorge in ein größeres Altenzentrum verlegt (Abb. 1).
Frau H. war vor der OP schon einige Jahre alleinlebend in einem älteren Kotten eines Großstadtvorortes. Als ehemalige Bäuerin litt sie jahrelang

unter schmerzhafter Coxarthrose und hatte zunehmend Mühe, ihren Alltagsverpflichtungen nachzukommen.
Im Altenzentrum sollte sie sich nun erst einmal, falls möglich, stabilisieren, ohne klinischen Zeitdruck rehabilitieren, oder sich für einen Daueraufenthalt entscheiden. Vorher sollte keine voreilige Entscheidung bezüglich der Aufgabe des Hauses von Frau H. getroffen werden. – Im Altenzentrum war Frau H. auf der Pflegestation, in einem Zweibettzimmer, aufgenommen worden. Hier lag sie ausschließlich in Rückenlage im Bett und wurde weitestgehend versorgt. Der sie behandelnde Hausarzt verordnete ihr ambulante Krankengymnastik (passives Durchbewegen der großen Gelenke) und Ergotherapie, eine interne therapeutische Dienstleistung des Altenzentrums zur allgemeinen Reaktivierung der Dauerbewohner und Kurzzeitgäste.

Die Anmeldung des Arztes wies als *Verordnungsindikation* auf:

– körperliches Belastungstraining bei bestehender Herzinsuffizienz
– Selbsthilfetraining und Hilfsmittelabklärung, ggf. Rollstuhlversorgung

Das mündlich formulierte Therapieziel lautete: weitestgehende Verselbständigung; Abklärung, ob eine Rückkehr in das frühere Lebensumfeld realistisch und sinnvoll wäre.

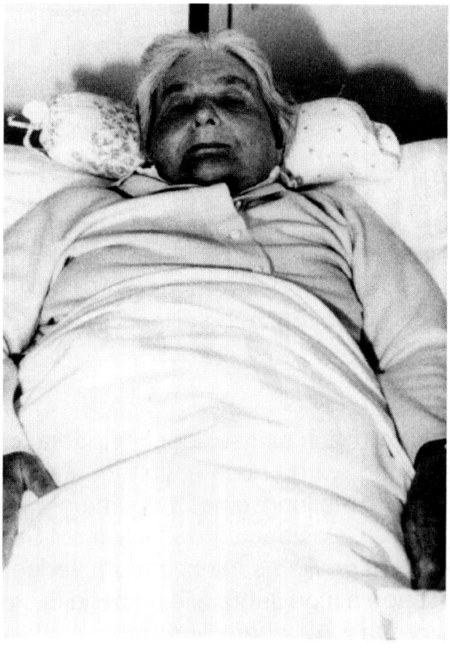

Abbildung 1

Im Erstgespräch erzählte Frau H. dem Ergotherapeuten mit leuchtenden Augen aus ihrem Leben auf dem Lande, von ihrer kleinen Landwirtschaft und der Wunsch nach Unabhängigkeit, vieles wieder selbständiger tun zu wollen, war spürbar.
Auf die Frage, was sie sich vorrangig wünschen würde, wenn denn möglich, antwortete sie spontan: wenn ich doch nur wieder auf die Beine käme! Doch, so schränkte sie sofort ein, sei sie schon mal froh, wieder das Krankenzimmer, das Bett selbständig verlassen zu können. Dann würde man weitersehen.

5.3 Befundaufnahme

Sie soll einerseits möglichst ein vollständiges Bild von der Situation des Patienten geben, andererseits in der Fülle möglicher Probleme, z.B. bei vorhandener Multimorbidität, Prioritäten setzen und Fernziele in realisierbare Nahziele unterteilen helfen.
Die Befundaufnahme beginnt bereits mit dem Erstgespräch und setzt sich durch gezielte Beobachtung während des gesamten Behandlungsprozesses fort. An den Reaktionen des Patienten kann der Therapeut feststellen, ob das, was er gerade für, bzw. mit dem Patienten tut, sinnvoll, der Rehabilitation dienlich, also richtig ist, den Patienten über- oder unterfordert, möglicherweise ihm auch schadet (vergl. B. Bobath 1993).

Die am Anfang stehende Befundaufnahme umfaßt folgende Aspekte:

* *das Beobachten des äußeren Erscheinungsbildes wie*
- Aussehen / Gesichtsausdruck
- Körperhaltung / Gangbild
- Gestik / Mimik
- Sprache / Mitteilungsmöglichkeiten

* *psychische Verfassung wie*
- Kontaktfähigkeit
- Affektsteuerung / Leidensdruck
- Motivation / Eigeninitiative
- Krankheitseinsicht
- Gedächtnis / Orientierung
- Konzentration / Ausdauer

* *somatische Reaktionen wie*
- Vitalzeichen
- Schmerzreaktionen

** motorisch-funktioneller Befund wie*
- Gelenkstatus
- Muskelfunktionsprüfung
- Beweglichkeit/Bewegungsausmaß

** sensorischer Befund wie*
- Oberflächensensibilität
- Tiefensensibilität

** kognitiver Befund wie*
- neuropsychologische Auffälligkeiten
- Merkfähigkeit/Gedächtnisleistung
- Handlungsplanung / Handlungsumsetzung

** Problemerfassung bei Aktivitäten des täglichen Lebens (ADL) wie*
- sich waschen, pflegen, die Toilette selbst verrichten können
- sich an- und auskleiden können
- selbst essen und trinken, Mahlzeiten zubereiten können
- sich fortbewegen können, mit und ohne Hilfsmittel
- sich orientieren können
- sich verständlich machen können
- sich selbst beschäftigen, die freie Zeit gestalten können

** Informationen zur sozialen Situation wie*
- Familienstand
- Angehörige, Nachbarn, Freunde
- Wohn- u. Lebensumfeld
- finanzielle Situation
- Art der Behinderung etc.

Fortsetzung des Fallbeispiels

Nach der Anwärmphase und allgemeinen Beobachtung (vergl. Grafik Regelkreis 1-4) erfolgte zur Objektivierung der Bewegungseinschränkungen von Frau H. ein Gelenkstatus in Rückenflachlage, insbesondere der unteren Extremität. Hierdurch sollte das Bewegungsausmaß, bzw. die schmerzhaften Einschränkungen festgestellt werden, die für die weiteren ergotherapeutischen Maßnahmen wie

- das Aufsitzen im Bett
- das Aufsetzen auf die Bettkante,
- das Aufstehen und Umsetzen in einen Stuhl oder Rollstuhl
- das angemessene und ausdauernde Sitzen in einem Stuhl oder Rollstuhl

von Bedeutung wären.

Ergo – Befunderhebung u. Behandlung

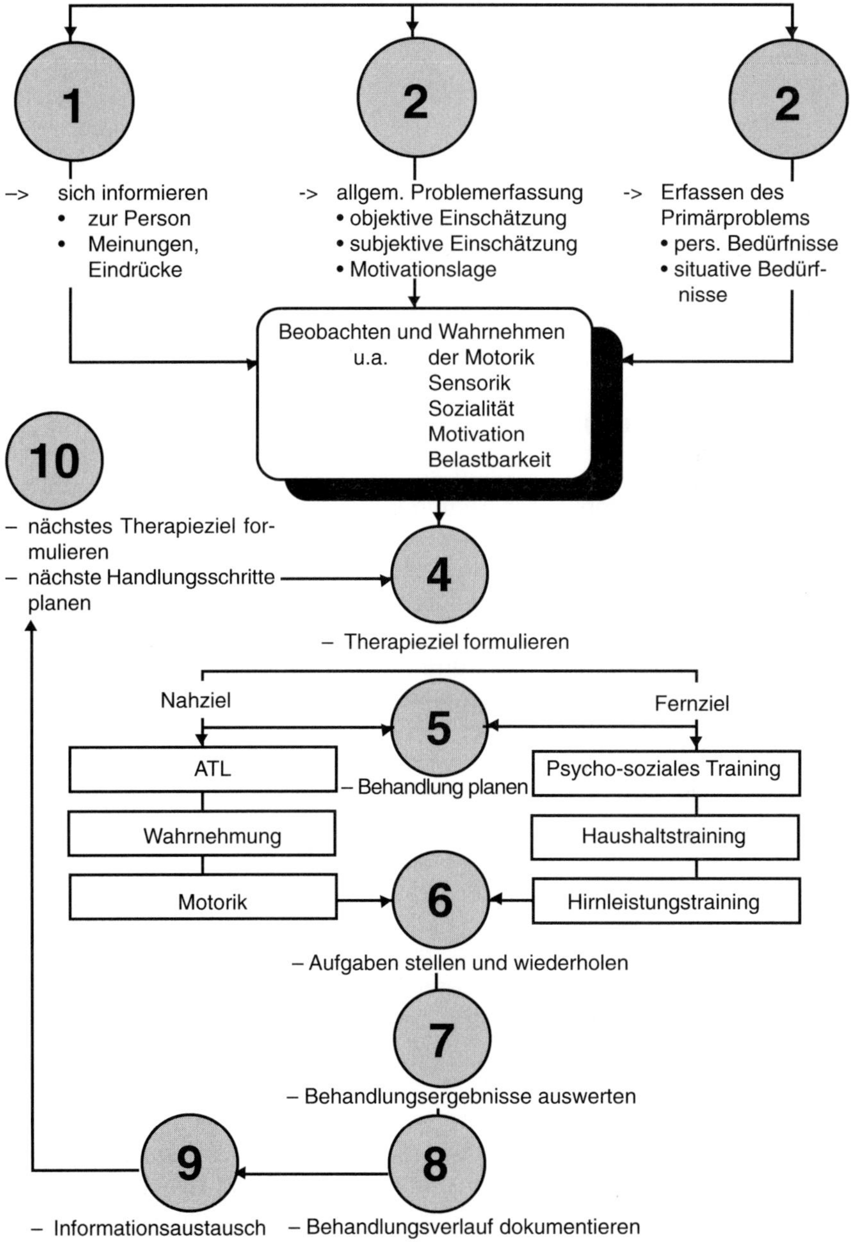

Grafik Regelkreis Befunderhebung – Behandlung – Befund

Dabei wurden vor allem schmerzhafte Einschränkungen beidseitig in der Hüft- und Knieflexion sowie der Beinaußenrotation festgestellt. Beide Füße zeigten Tendenzen zur Spitzfußstellung (vergl. *Hasselblatt* 1992).
Die Arme und Hände, sowie der Kopf waren frei beweglich. Lediglich die Innen- und Außenrotation der Schulter machte Mühe und war vielleicht altersbedingt arthrotisch verändert. Die Arm- und Handmuskulatur war, bedingt durch die Inaktivität, atrophiert. Bei der Befundaufnahme ließ Frau H. immer wieder erkennen, daß es ihr wichtigstes Ziel sei,. noch einmal in ihr vertrautes Zuhause zurückzukehren. Sie wolle alles dafür tun. Auf die Rückfrage des Therapeuten, was dies voraussetze, konnte Frau H. erste Nahziele selbst formulieren wie: das Bett verlassen , sitzen, aufsein können. Sie fand im Gespräch zu der Einsicht, daß ohne die Bewältigung dieser ersten Schritte das Fernziel nicht realisierbar sein würde.

5.4 Therapieplanung

Eine Behandlungsplanung basiert auf den medizinisch-klinischen, anatomischen und aus den in der *Befundaufnahme* resultierenden Daten.
Optimal wäre eine Planung aller am Rehabilitationsprozeß beteiligten Berufsgruppen, wo jeder für seinen speziellen therapeutischen Part Vorschläge einbringen und zu den anderen in eine konkurrenzlosere Arbeitsteilung treten könnte.
Bis man selbst genügend Erfahrung in der Therapieplanung hat, empfiehlt es sich, hierfür stichwortartige Notizen zu machen, wie über

- allgemeine Informationen zum Patienten (Alter, Biografie, Wohnort ...)
- geäußerte Bedürfnisse und Gewohnheiten des Patienten
- Zielvorstellungen des Patienten (Eigenmotivation / Fernziel)
- Zielvorstellungen anderer (Fremdmotive)
- therapeutische Nahziele (Behandlungspriorität)
- voraussichtlich einzusetzende Behandlungsmittel, -medien, -methoden
- erste Behandlungseinheiten konzipieren / skizzieren
- bewerten der ersten Behandlungseinheit/en
- notieren daraus resultierender neuer Behandlungsideen

Fortsetzung des Fallbeispiels

Da Frau H. zum selbständigen Drehen in die Seitenlage nicht die Beine anwinkeln konnte, um die normale, spiralförmige Drehung einzuleiten, wurde zunächst ein passiver Transfer im Liegen durch zwei Helfer in einen Rollstuhl mit verstellbarem Rückenteil geplant. In diesem Rollstuhl sollte dann eine stufenweise Steigerung des Sitzwinkels auf einem rutsch-

festen, druckentlastenden, keilförmigen Kissen angestrebt und zum anderen ein zeitlich längeres Aufsitzen zu bestimmten Aktivitäten erreicht werden.
Für diese anfängliche Behandlungssituation eignete sich nur ein radachsenstandverlängerter Standard-Rollstuhl mit nach hinten verstellbarem Rückenteil und Kopfstütze. Zudem sollten für den Transfer die Armlehnen abnehmbar und zur Lagerung der Füße in Funktionsstellung ein fester, adaptierbarer Fußkasten vorhanden sein. Die Sitzbreite mußte, wenn Frau H. selbständig das Fahrzeug bewegen sollte, so gewählt werden, daß rechts und links vom Becken maximal zwei Zentimeter Spiel waren, um die Greifreifen bedienen zu können.
Ein solcher Rollstuhl war auf einer anderen Station vorhanden und konnte für den Behandlungsversuch zunächst einmal ausgeliehen werden (Abb. 2).
Im Zimmer von Frau H. wurde dann das Umlagern ausprobiert und dazu auch Mobiliar umgestellt, damit das Handling für alle Beteiligten gefahrlos und rückenschonend gestaltet werden konnte.

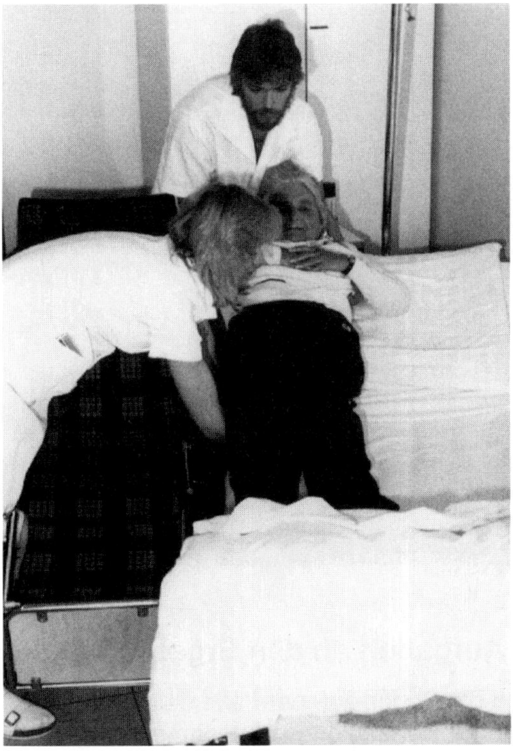

Abbildung 2

Das Experiment gelang schließlich, wurde mehrfach wiederholt und punktuell immer wieder verbessert. Damit war eine Basisvoraussetzung erfüllt, um Frau H. täglich zweimal aus dem Bett zu holen. Der nächste Behandlungsschritt bestand darin, sie die Mahlzeiten außerhalb des Bettes in der Gemeinschaft mit anderen an einem für Rollstuhlfahrer geeignetem Tisch einnehmen und sie schließlich an sonstigen Veranstaltungen im Zentrum teilnehmen zu lassen.

Das Wertvollste bestand aber für Frau H. darin, daß sie schon bald in der Lage war, zu weiterführenden ergotherapeutischen Maßnahmen in den ergotherapeutischen Behandlungsraum selbständig zu kommen (Abb. 3).

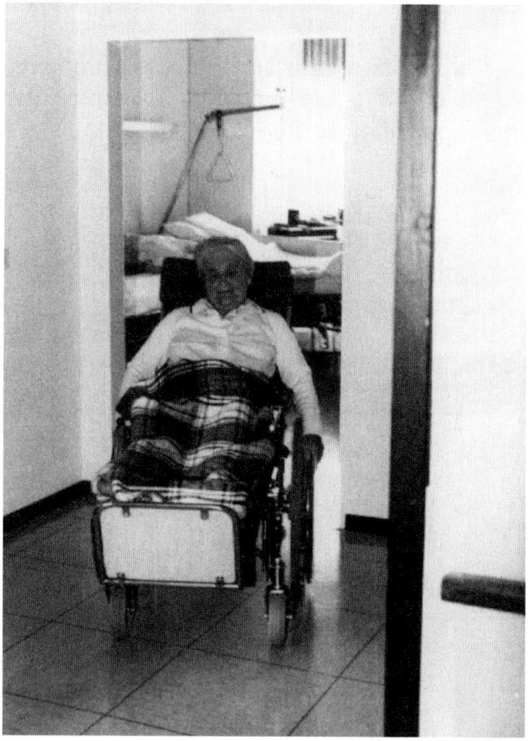

Abbildung 3

5.5 Besondere Aufgaben an den Ergotherapeuten

Es ist durchaus nicht die Regel, daß der Patient aus sich heraus so motiviert und positiv auf die Behandlungsmaßnahmen reagiert, wie im Fall

von Frau H. Wenngleich die Therapie vom Arzt verordnet wird, so bedarf es doch bei den meisten, oft hochbetagten Patienten, eines besonderen motivationalen Fingerspitzengefühls.
Ergotherapie ist, im Gegensatz zu manch anderen Therapien, keine passive Maßnahme, sondern zielt auf eine aktive Mitarbeit, die den Patienten selbst fordert, ihn lehrt, wieder selbst tätig zu werden. Oft kann sich der geriatrische Patient dies nicht vorstellen, traut sich bestimmte Aktivitäten nicht mehr zu, oder ist demotiviert bei dem Vergleich zu dem, was früher möglich war (vergl. *Schmidt-Carlshausen* 1995).

So ist es für den Therapeuten oft ein pädagogisch-psychologisches Kunststück, die Anforderungen leistungsgerecht und sinnbezogen so zu verpacken, so daß er den Patienten weder über- noch unterfordert, um den nächsten Behandlungsschritt zu ermöglichen.
Kein Alterspatient kann und darf zu seiner Therapie gezwungen werden. Dies würde durch innere Blockaden auch wenig erfolgreich sein. Der Therapeut hat eine Angebotshaltung zu entwickeln, die, wohlwissend um die vielschichtigen Faktoren, den therapeutischen Einstieg und Behandlungsverlauf beeinflussen, die Grundlage für einen würdigen, respektvollen Umgang ist. Diese Haltung will dem Patienten auch Raum für Selbstzweifel, sowie Rückzug und Lebens-Aufgabe im guten Sinn lassen.

5.6 Dokumentation

Zu den weiteren Aufgaben des Ergotherapeuten zählt die Dokumentation. Hier sollen bedeutsame Beobachtungen zum Behandlungsverlauf möglichst präzise und sachlich festgehalten werden. Allgemeine Berichte und Beschreibungen mit persönlichen Wertungen eignen sich wenig zur objektiven Beurteilung des Therapieprozesses.
Hierzu wurden und werden immer wieder Befundaufnahmeraster, Test- und Anlagebögen für die spezifischen Verordnungsindikationen und Behandlungsverfahren entwickelt. Mit ihrer Hilfe, grafisch übersichtlich gestaltet, sollen Therapieergebnisse möglichst objektiv und nicht zuletzt zeitsparend eingetragen werden (vergl. nachfolgende Muster).

Das schriftliche Dokumentieren hat mehrere Funktionen. Es ist zum einen gedächtnisentlastend, andererseits bietet es die Möglichkeit bei Therapiekonferenzen, Übergabegesprächen, Visiten und nicht zuletzt im Vertretungsfall andere mit Kerninformationen zu versorgen.

Zum Therapieabschluß ist es üblich, eine abschließende Stellungnahme zu formulieren, die weiterführende Hinweise, sowie Empfehlungen für den behandelnden Arzt enthält und schließlich der Krankenakte beigefügt wird.

Aufnahmebogen

Muster

Name:		Datum
geb.:	Station:	Therapeut/N.:
Diagnosen:		

Soziale Situation	Erläuterung
Angehörige/Bezugsperson	
Beruf	
Interessen/Hobbys	

Häusliche Situation	Erläuterung
Stockwerk/Treppe/Aufzug	
Bad	
Einkaufen/Essen zubereiten	
Putzen/Wäsche	
Vorhandene Hilfen/-person	
Vorhandene Hilfsmittel	

ADL		+/-	Erläuterung
Fortbewegung			
Transfer Rollstuhl-WC			
Rollstuhl-Badew./Dusche			
Rollstuhl-Bett			
Waschen	Oberkörper		
	Unterkörper		
An-/Aus-ziehen	Oberkörper		
	Unterkörper		
Essen	Brot streichen		
	Umgang mit Besteck		

Kognitive Leistungen:

Sehen:

Hören:

Konzentration:

Gedächtnis:

Orientierung

Neglect:

Apraxie:

Selbsthilfetraining	Verlaufsdaten - (selbständig + ja	/ nein -)	Bemerkungen / Hilfen / Hilfsmittel
1.) Körperpflege			
ob. Extr. – waschen			
unt. Extr. – waschen			
Seife/Lappenbenutzung			
rasieren naß/trocken			
kämmen			
Zähne reinigen			
Nägelschneiden			
Toilettenbenutzung			
Wannenbenutzung			
Transfer Bett/R-Stuhl/Stuhl			
2.) Oberkörper an-/ausziehen			
offene Kleidung (Jacke)(			
halboffene Kleidung (Pulli)			
BH			
Knöpfe/Reißverschlüsse			
Krawatte – Schmuck			
3.) Unterkörper an-/ausziehen			
Hosen/Unterhose			
Rock			
Kleid			
Strümpfe/Socken			
Strumpfhose			
Schuhe			
–schnüren (Einhandknoten)			

Muster eines speziellen Anlagebogens

Haushaltstraining

Name ____________________ Station ______________________________

Schlüssel: 0 = nicht möglich, 1 = mit Hilfe, 2 = mit Hilfsmittel, 3 = selbständig, r = rechts, l = links

	Datum:								
Tägl. Reinemachen									
Betten machen/beziehen									
Bodenpflege:	kehren								
	staubsaugen								
	feucht wischen								
Raumpflege:	abstauben								
	naß reinigen								
Kleider/Schuhe säubern									
Fenster putzen									
Wäsche:									
Auswringen									
Aufhängen									
Bügeln/Zusammenlegen									
Flicken									
Nähen: Hand/Maschine									
Div.									
Küche:									
Gemüse/Obst	waschen								
	schälen								
	schneiden								
Reiben									
Rühren									
Teig ausrollen/ausstechen									
Eier teilen									
Öffnen von:	Büchsen								
	Flaschen								
	Schraubdeckel								
Umgang mit elektrischen Geräten									
Herd									
Mixer									
Dosenöffner									
Schüsseln/Töpfe	abschütten								
	füllen								
	tragen								
Abwaschen/Abtrocknen									
Tisch decken/abdecken									
Herd/Spüle putzen									
Geschirr einräumen									

6. Ergotherapeutische Behandlungsverfahren

Mit Behandlungsverfahren werden zunächst bestimmte Maßnahmenschwerpunkte ganz allgemein beschrieben, die resultierend aus der individuellen Befundaufnahme, der Umsetzung des jeweiligen primären Behandlungszieles dienen.
In der Geriatrie sollen diese sich, wo immer möglich, an der konkreten Alltagswirklichkeit des Patienten orientieren.

6.1 sensomotorisch-funktionelle Verfahren

Hierunter sind alle Verfahren einzuordnen, die der Erhaltung, Besserung und Förderung von Beweglichkeit, sowie physiologischer Handlungsabläufe dienen.
Bei Erkrankungen und Verletzungen des Bewegungs- und Stützapparates (z.B. Frakturen, Rheuma), wie auch neurologischen Erscheinungsbildern (z.B. Apoplex, Parkinson) wird versucht, durch entsprechende Maßnahmen dem Betroffenen ein hohes Maß an Beweglichkeit und damit Eigenständigkeit zurückzugeben.
Prinzipiell gibt es zwei Vorgehensansätze. Einer geht davon aus, daß der Mensch ein komplexes funktionelles Wesen ist, dessen verschiedene Gliedmaßen, bestehend aus Muskeln, Sehnen, Bändern, Knochen und Gelenken, zusammenarbeiten.
Bei rein orthopädischen Krankheitsbildern mag diese Sichtweise vordergründig zutreffen, segmentarisch ein Gelenk zu mobilisieren, eine Muskelgruppe kräftigen zu wollen. Doch der Mensch ist keine mechanisch arbeitende Maschine, sondern ein ganzheitliches, durch die Bewegung erst differenziert empfindendes und reagierendes Wesen. So gelangen erst durch Bewegung aus der Peripherie aufsteigende Informationen in das zentrale Nervensystem und dieses antwortet mit entsprechenden Impulsen zur Regulation von Haltung, Kraftdosierung und fein abgestimmter Bewegung. Das begründet den sensomotorischen Zusammenhang gerade bei zentralnervösen, neurologischen Störungen.

Machen Sie doch mal einen Selbstversuch:

a) *Was fühlen Sie, wenn Sie einen Gegenstand bei geschlossenen Augen* ***bewegungslos*** *auf Ihrer flachen Hand halten?*
Welche Informationen erhält Ihr Gehirn z.B. über das Gewicht des Gegenstandes, seine Form, seine Oberflächenbeschaffenheit, seine Konsistenz etc.?

b) *Was schmecken Sie, wenn Sie eine Speise* ***bewegungslos*** *in Ihrem Mund behalten?*
Welche Informationen erhält Ihr Gehirn über die Beschaffenheit und den Geschmack?

Erst durch und mit Bewegung spüren, fühlen, nehmen wir unsere Umwelt wahr!

Sensomotorisch-funktionelle Trainings in der Ergotherapie wollen daher dem Patienten über vertraute, alltagsbezogene Handlungsabläufe (z.B. hauswirtschaftliche Tätigkeiten, Alltagsverrichtungen, Werkarbeiten, etc.) Bewegungserfahrungen vermitteln (vergl. *Affolter* 1987).

6.2 Selbsthilfetrainings

Diese dienen primär der Vorbereitung und Verbesserung insbesondere der lebenspraktischen Alltagsbewältigung des Patienten. Sie haben seine größtmögliche Selbständig- und Unabhängigkeit zum Ziel.

Nach den von Roper beschriebenen zwölf Lebensaktivitäten des Menschen, zählen die nachfolgend aufgeführten zu den existentiell bedeutsamsten Fähig- und Fertigkeiten innerhalb der

Aktivitäten des täglichen Lebens (ADL, Roper 1987):

- sich sauber halten können (Körperhygiene)
- sich kleiden können (An- und auskleiden)
- sich speisen können (Essen und Trinken)
- sich bewegen können (Fortbewegen)
- sich verständigen können (Kommunikation)
- sich zurechtfinden können (Orientierung)

Zu diesen Einzelbereichen sind Einschätzungen und Beurteilungen abzugeben, wenn es um Fragen der Entlassung aus stationären Einrichtungen, bzw. um die Einstufung der Pflegebedürftigkeit, z.B. durch die medizinischen Dienste der Krankenkassen oder um die Unterbringung in eine stationäre Langzeitreinrichtung geht (vergl. Abs. 1 SGB V).
Durch ein Selbsthilfetraining soll der geriatrische Patient ein größtmögliches Maß an Unabhängigkeit erreichen und somit in seiner Autonomie gestärkt werden.
Zur Erhebung eines Selbsthilfestatus und zur Doumentierung des Behandlungsverlaufes werden sehr unterschiedliche Protokollbögen verwendet. Diese sind jeweils an dem institutionellen Rehabilitationsauftrag der Einrichtung orientiert (vergl. modifizierter ADL-Status n. Roper).

Modifizierter ADL-Status nach N. Roper zur Feststellung und Einschätzung der Selbständigkeit/Abhängigkeit/Hilfebedürftigkeit/Hilflosigkeit:

		Code	Bemerkungen
Sich sauber halten	selbständige Entscheidung	4	
	benötigt etwas Anleitung und Hilfe	3	
	benötigt regelmäßige Anleitung u. Hilfe	2	
	kann nur wenig übernehmen (z.B. Gesicht u. Hände)	1	
	ist zur Ausführung gar nicht in der Lage	0	
Sich kleiden	selbständige Entscheidung und angepaßte Ausführung	4	
	benötigt etwas Anleitung und Hilfe	3	
	benötigt Anleitung und Hilfe	2	
	kann nur wenig übernehmen	1	
	ist zur Ausführung gar nicht in der Lage		
Essen und Trinken	kann Auswahl treffen u. ißt selbständig	4	
	ißt selbständig, bedarf aber vorbereitender Hilfe	3	
	bedarf der Unterstützung beim Essen u. Trinken	2	
	Nahrung muß gereicht werden	1	
	Nahrungszufuhr erfolgt über Sonde	0	
Sich bewegen	selbständiges Fortbewegen, incl. Treppensteigen	4	
	selbständiges Fortbewegen in gewohnter Umgebung ohne Treppensteigen	3	
	selbständiges Fortbewegen mit Hilfsmitteln oder Hilfsperson	2	
	Hilfe zum Fortbewegen unbedingt erforderlich	1	
	Immobilität, ständige Bettlägerigkeit	0	
Sich verständigen	hören, verstehen, sehen, lesen können; uneingeschränkte Gestik; kann Hilfe anfordern, Empfindungen mitteilen	4	
	Verständigung teilweise eingeschränkt; verlangsamte Reaktionen	3	
	eingeschränktes Sprech- u. Verständigungsvermögen	2	
	versteht nur teilweise; unklares Kommunikationsverhalten	1	
	keine adäquaten Kommunikationsreaktionen	0	
Sich zurechtfinden	Orientierung, Entscheidungs- u. Urteilsfähigkeit für sich und andere vorhanden	4	
	leichte, gelegentliche Desorientiertheit durch Sinnesbeeinträchtigungen	3	
	wiederholte, zunehmende Desorientiertheits-/Verwirrtheitszustände	2	
	Schwere Desorientiertheit, keine Entscheidungs- u. Urteilsfähigkeit gegenüber sich und anderen	1	
	personale Desorientiertheit	0	

6.3 Hilfsmittelversorgung

Geriatrische Patienten benötigen je nach Art und Schwere ihrer Erkrankung, übergangsweise oder dauerhaft Hilfsmittel, um bestimmte Alltagsaktivitäten selbständig bewältigen zu können. Nach der Reichsversicherungsordnung (RVO) werden drei Arten von Hilfsmitteln unterschieden:

a) Körperersatzstücke: *Prothesen*

b) orthopädische Hilfsmittel: z.B. *Gehhilfen*;

   sie dienen der Verselbständigung des Patienten und sollen die Gesamtbehandlung (Mobilisation) insgesamt positiv unterstützen, bzw. stabilisieren.

c) Alltagshilfen (§ 182 b RVO), die im Sinne einer medizinischen Indikation eine Funktion ersetzen oder dauerhaft ausgleichen, wie z.B. ein Toilettenaufsatz, ein Rollstuhl oder eine speziell adaptierte Eßhilfe.

Zur Vorgehensweise vor einer Hilfsmittelversorgung steht für den Ergotherapeuten die individuelle Beratung am Anfang. Da Hilfsmittel generell auch ihre spezifische optisch-ästhetische wie psychische Wirkung (Krankheitsverstärkung) auf den Patienten haben, sollte die Beratung und Versorgung von dem Vorsatz geleitet sein: *nur so viele wie unbedingt nötig, so wenige wie möglich!*
Nach der Beratung empfiehlt es sich, mit einem vergleichbaren Produkt (z.B. improvisiertes Hilfsmittel, Leihgabe, Firmenmuster) die Anwendung durch den Patienten selbst ausprobieren zu lassen. Nach diesem praktischen Ergebnis sollte über mögliche Adaptierungen nachgedacht, eventuell eine *praktische Wiederholung* erfolgen und dann eine *Rezeptierung* eingeleitet werden (vergl. Rezeptierungsweg).
Zudem ist ein verordnetes Hilfsmittel nur dann sinnvoll, wenn es die Eigenaktivität des Patienten direkt oder indirekt fördern hilft, das dafür notwendige rehabilitative Milieu auch vorhanden ist und nicht eine Überversorgung das Selbständigwerden behindert, bzw. ein unangemessenes Hilfsmittel durch zu frühen oder zu langen Gebrauch den Benutzer in die Abhängigkeit führt.
Die Krankenkassen als Kostenträger verfügen über eigene Hilfsmittellisten und Richtlinien. Einige unterhalten eigene Hilfsmitteldepots, andere haben Auslieferungsverträge mit bestimmten Hilfsmittelhändlern oder Sanitätshäusern.
Grundsätzlich handelt es sich hier um Versorgungsleistungen, auf die der Patient einen Rechtsanspruch hat, wenn das zu verordnende Hilfsmittel nachgewiesenermaßen einer drohenden Abhängigkeit vorbeugen

oder eine erlittene Behinderung ganz oder teilweise ausgleichen hilft. Ausnahmen bilden Bagatellhilfen (kleine Alltagshilfen: z.B. Griffverdickungen) und einige Pflegehilfsmittel, soweit diese zur Ausstattung einer stationären Einrichtung gerechnet werden.

Rezeptierungsweg für Hilfsmittel

1. Beim zuständigen Arzt um ein Rezept nachsuchen

   Dieser sollte von der Notwendigkeit des Hilfsmittels, seine präventive oder rehabilitative, die Lebensqualität verbessernde Funktion überzeugt sein, bzw. werden.

2. **Genaue Artikelbezeichnung, nach Möglichkeit Hersteller und Artikelnummer auf dem Rezept angeben, zuzüglich der Diagnose und einer kurzen Begründung**

   Z.B. könnte bei der präventiven Verordnung einer Drehscheibe bei einem Rheumakranken „zur Vermeidung einer Sprunggelenksfraktur“ vermerkt werden, oder bei einem Standardbeidhänderrollstuhl stehen: „angepaßter Rollstuhl nach Maß, zum selbständigen Fortbewegen, Kreislaufaktivierung und Isolationsprophylaxe.

3. **Danach Sanitätshaus einschalten**

   Dieses leitet das vom Arzt unterschriebene Rezept mit erstelltem Kostenvoranschlag an den für den Patienten zuständigen Kostenträger (Krankenkasse) mit der Bitte um Genehmigung weiter.

4. **Nach Genehmigung des Kostenvoranschlages wird das Sanitätshaus durch den Kostenträger mit der Auslieferung des Hilfsmittels beauftragt.**

   Ausnahmen bilden z.B. Krankenkassen mit eigenen Hilfsmitteldepots oder Vertragshändlern.

5. **Das Hilfsmittel wird an den Patienten oder seine Betreuungsperson ausgeliefert.**

   Das Hilfsmittel ist auf die gewünschte Funktion hin sofort zu überprüfen. Bestellnummern sollten verglichen, eventuelle Reklamationen umgehend angemeldet und der Benutzer in den Gebrauch des Gerätes eingewiesen werden.

6.4 Wohnraumanpassungsberatung

Viele alte Menschen wohnen schon seit Jahrzehnten in der selben Wohnung. An viele Erschwernisse, die das Älterwerden mit sich bringt, haben sie sich gewöhnt.

Doch mit den Folgen und Auswirkungen einer Erkrankung fürchten viele geriatrische Patienten oder deren Lebensgefährten den Tag der Entlassung aus der Klinik. So manch einer glaubt von den Gegebenheiten und Ausstattungsmängeln her, sei eine Wohnungsaufgabe, ein Wohnortwechsel die unausweichliche Konsequenz.

Nach den Vätern der Pflegeversicherung soll die häusliche Pflege und Betreuung älterer kranker Menschen immer vor der Unterbringung in einer stationären Langzeiteinrichtung stehen. Hierzu ist eine fachkundige Sichtung der Wohnverhältnisse erforderlich, die sowohl unter rehabilitativen, präventiven und sicher auch finanziellen Gesichtspunkten erfolgen muß. Beim ergotherapeutischen Hausbesuch (auf ärztliche Verordnung) kann eine Wohnraumanpassungsberatung eingeschlossen sein.

Seit zu Anfang der achtziger Jahre im Rahmen der ergotherapeutischen Behandlung in den ersten medizinisch-geriatrischen Kliniken und Tageskliniken Erfahrungen mit dieser Maßnahme, z.B. zum Abschluß eines Selbsthilfetrainings, einer Hilfsmittelversorgung oder zur Überprüfung des Gesamtrehabilitationsergebnisses gesammelt wurden, gehört die *Wohnraumanpassungsberatung* zum festen Bestandteil ergotherapeutischer Leistungen. Wo sonst könnten die Rehabilitation effektiver, die therapeutischen Ergebnisse praktischer umgesetzt und das Leben der Betroffenen wirklichkeitsnaher gestaltet werden als *vor Ort*?

Unter folgender Zielsetzung findet eine solche *Wohnraumanpassungsberatung* statt:

a) die Wohnverhältnisse und das Lebensumfeld dahingehend überprüfen, ob mit einer Umgestaltung der Wohnung, z.B. Möbel, oder mittels einer realistischen Adaption von Hilfsmitteln, die Sicherheit und Selbständigkeit des Patienten erreichbar, zu stabilisieren oder zu erweitern ist.
   Hier können Fragen des Mietstatus, Eigentums bis hin zu Materialbeschaffenheit des Mauerwerks eine Rolle spielen.

b) In einem zweiten Schritt wird dann überlegt, welche konkreten Veränderungen erfolgreich dazu beitragen könnten, Sicherheit und Selbständigkeit zu erhöhen, z.B. vom Beseitigen von Stolperquellen bis hin zum Anbringen geeigneter Haltegriffe.

Zur Finanzierung größerer Veränderungen sind stets die zuständigen Pflegekassen rechtzeitig zu kontaktieren (vergl. § 7 und § 40 Abs. 4 Pflegeversicherungsgesetz).
In einigen Bundesländern sind modellhaft Wohnungsberatungsstellen speziell zur Kostenabklärung eingerichtet worden, deren Adressen über die Verbraucherzentralen erfahrbar sind. Natürlich können hier keine therapeutisch-rehabilitativen Sachkenntnisse erwartet werden (vergl. NRW/ Wohnraumanpassung – Broschüre).

6.5 Hirnfunktionstraining

Im Zusammenhang mit neurologischen und gerontopsychiatrischen Erkrankungen kommt es häufig zu unterschiedlichen *Hirnleistungsstörungen*.
Solche zerebralen Teilleistungseinbußen können zum einen perzeptive, also die Wahrnehmungsverarbeitung betreffende Störungen sein und somit zu neuropsychologischen Auffälligkeiten führen. Häufig treten diese in Zusammenhang mit einem Schlaganfall auf. Der Betroffene leidet möglicherweise unter einer veränderten räumlichen Wahrnehmung oder kann bestimmte Gebrauchsgegenstände nicht mehr richtig zuordnen (Apraxie).

Dagegen stehen bei dementiellen Prozessen besonders eingeschränkte *Hirnleistungsfähigkeiten*, wie eine eingeschränkte Merk- und Orientierungsfähigkeit im Vordergrund. Durch verschiedene Maßnahmen wird beim *Hirnfunktionstraining* zunächst versucht, Einfluß auf die Verbesserung der Konzentration und damit auf die Gedächtnis- und Orientierungsleistung zu nehmen, auch *Hirnleistungstraining* genannt.
Hierdurch soll die Aufmerksamkeit des zu behandelnden Patienten gegenüber sich selbst erhöht, das ordnende, logische und abstrakte Denken angeregt werden, mittels vergleichender, zu ergänzender oder kreativer Aufgabenstellungen.
Das Training kann dem Patienten helfen, die eigenen Gedanken zu sammeln, das Interesse ganz auf eine Sache zu richten, ablenkende Reize ausfiltern zu lernen und dabei allmählich den Schwierigkeitsgrad und die Ausdauer steigern zu wollen.

Das *Gedächtnistraining*, auch als *Gehirnjogging* bezeichnet (Lehrl/Fischer), will insbesondere zur Erhaltung und Steigerung der Merkfähigkeit beitragen.
Gedächtnisspiele in geselliger Form (Stengel) sind zudem weniger examinierend und unterhaltsam zugleich.

Für stärker Betroffene bietet die Therapiekartei nach Rasehorn vielseitige Anregungen. Hier werden Teilleistungsstörungen unterschieden, mit alltäglichen Medien auszuführende Handlungsabläufe beschrieben, die zu weiterführenden Therapieideen anregen.

Beim *Hirnfunktionstraining* in der Ergotherapie geht es oft nicht so sehr um das Leistungsergebnis, die richtige Lösung schnell zu finden. Vielmehr ist häufig im therapeutischen Prozeß der Weg dahin das Ziel. Es gilt, den Patienten im Umgang mit seinen Störungen und Schwächen zu stützen, ihn zu ermuntern, nicht aufzugeben und ihm Wege aufzuzeigen, diese zu erkennen, wenn möglich zu reflektieren und bei der Kompensation zu helfen.
Erst der bewußtere Umgang mit Hirnleistungsschwächen ermöglicht dem Patienten eine positive Bewältigung seiner Aufgaben im Alltag.

6.6 psycho-soziale Trainings

Viele Ältere geraten mit zunehmenden gesundheitlichen Einschränkungen in eine Identitätskrise und oft unfreiwillige Isolation.
Auch mit dem plötzlichen Rückzug aus gewohnten Betätigungen oder durch Verlust des vertrauten Aktionsumfeldes kommt es häufig zu Störungen im Selbstwertgefühl.
Etwas Sinnvolles tun wollen und können, ein Gefühl des Gebrauchtwerdens zu bekommen, noch eine Rolle innezuhaben, – das wünschen sich die meisten älteren Menschen.
Psychosoziale Angebote in Altenclubs, Tagesstätten und Seniorengruppen gibt es für den rüstigeren Personenkreis in vielfältiger Weise.

Insbesondere für Menschen in geriatrischen Langzeiteinrichtungen sollten gezielte und unterschiedliche Angebotsformen vorhanden sein, die auf ihre ganz eigene Art primär Freude und Gemeinschaft vermitteln, Kontakte schaffen helfen und somit der Vereinsamung, Apathie und Depression entgegenwirken, wie:

allgemeine, freiwillige Gelegenheitsaktivitäten	z.B.	Tischdecken, Abdecken, Abwaschen, Abtrocknen, Blumengießen, etc.
offene Gruppen- und Zirkelangebote	z.B.	Bewegungs- und Sitztanzgruppe Spiel- und Singgruppe
Interessengruppen	z.B.	Werk-, Mal- und Hobbygruppe Literaturkreis Musik- und Hörspielgruppe

Fördergruppen	z.B.	Gymnastikrunde Gedächtnisspielgruppe
Kontaktangebote, die nach außen gerichtet sind oder Gruppenangebote, zu denen öffentlich eingeladen wird	z.B.	Clubnachmittage Kulturveranstaltungen Ausflüge, Besichtigungen Feste und Feiern

7. Beispiele ergotherapeutischer Behandlungen

Die *Ergotherapie in der Geriatrie* hat sich in ihrem Erscheinungsbild in den letzten fünfzehn Jahren grundlegend geändert. Das trägt nicht zuletzt auch den gesundheitspolitischen Veränderungen Rechnung.
Standen sehr lange vor allem in diesem Fachbereich eher ablenkende und freizeitgestaltende Maßnahmen im Vordergrund, so hat sich bis heute ein breites Spektrum von differenzierten Behandlungsverfahren, Therapieansätzen, -methoden und -mitteln entwickelt.
Anhand der nachfolgend aufgeführten Beispiele ergotherapeutischer Behandlungen, soll nur versucht werden, einen Überblick in Bezug auf Behandlungsindikationen und die daraus resultierenden Einzelmaßnahmen zu geben.
Sicher treten im Alter Erkrankungen häufig nicht isoliert auf. Oft ist der geriatrische Patient *multimorbid* erkrankt.
Für diesen Rahmen wurden *reine* Krankheitsbilder ausgewählt, die für die Geriatrie besonders typisch sind.
Der Leser, der nach speziellerem klinischen und therapeutischen Arbeitsmaterial sucht, wird im Schlußteil auf weiterführende Literatur aufmerksam gemacht.

7.1 Der Schlaganfall

Neben Herz-Kreislauf- und Krebserkrankungen ist der Schlaganfall, statistisch gesehen, der dritthäufigste „Killer". Nach Schätzungen der Deutschen Schlaganfall-Stiftung erleiden jährlich 250-300 000 Personen hierzulande einen Apoplex, mehrheitlich ältere Menschen. Ursachen, die einen Schlaganfall auslösen können, sind insbesondere zerebrovaskuläre Grunderkrankungen, z.B. Infarkte und Massenblutungen sowie Hirntumore.

Das Geschehen selbst ist uneinheitlich und bietet daher klinisch ein vielfältiges Bild an Problemen, wenngleich die Halbseitenlähmung als objektivierbares motorisches Symptom dominiert. Ein Schlaganfall kann mit und ohne Bewußtseinsstörungen einhergehen, aber auch zu lebenslangen Hirnschädigungen und damit zu chronischen Behinderungen führen.

Wird ein Apoplex überlebt, bedeutet dies für den Betroffenen und seine Umgebung, das Zusammenleben und die Alltagsbewältigung ganz neu zu organisieren, da die Krankheitsfolgen oft eine vollständige Umstellung des Bisherigen erfordern.

Sicher könnte vielfach bei diagnostischer Früherkennung ein solcher Schicksalsschlag manchem erspart werden, doch ist dies nicht immer bei älteren Menschen zu verhindern.
Darum wird eine rehabilitativ-reaktivierende Sofortbehandlung schon im Krankenhaus gerade bei geriatrischen Patienten im Sinne der Tertiärprävention immer notwendiger.

Die Praxis hat längst belegen können, daß bei dieser Personengruppe gute Chancen bestehen, durch geeignete therapeutische Intervention, dem Betroffenen einen hohen Grad an Unabhängigkeit und Selbständigkeit zurückzugeben (vergl. *Geisseler* 1991).

Je nach Lokalisation und Ausmaß der Hirnschädigung weisen Schlaganfallserkrankte ganz verschiedene Verluste und Störungsbilder auf:

* *sensomotorische Auswirkungen wie*

- willkürlicher Bewegungsverlust
- Verlust der Bilateralität
- Haltungsverlust
- Sensibilitätsverlust

* *neuropsychologische Auswirkungen wie*

- Neglect
- Aphasie
- Apraxie

* *vegetative Auswirkungen wie*

- Harn- und Stuhlinkontinenz

* *psychosoziale Auswirkungen wie*

- Isolation
- Depression
- Veunsicherung, Angst, Unruhe

Therapieindikationen für die Ergotherapie

1. im sensomotorischen Bereich u.a.:

- Hilfen zur Vermeidung oder Korrektur der durch die Hemiplegie verursachte asymmetrischen Körperhaltung, insbesondere zur Verbesserung des Gleichgewichts

– Hilfen zur Tonusregulierung und Hemmen der spastischen Muster

2. im sensorisch-perzeptiven Bereich u.a.:

– Hilfen zur Verbesserung der Körpereigenwahrnehmung, insbesondere der Tiefensensibilität

3. im neuropsychologischen Bereich u.a.:

– Hilfen zur Verbesserung der räumlich-konstruktiven Wahrnehmung
– Hilfen zur Planung und Ausführung von Handlungsabfolgen (Praxie)
– Hilfen zur Verbesserung der Konzentration, Belastbarkeit und Ausdauer

Handlungsorientierte Therapiemaßnahmen:

zu 1. u.a.

- angemessenes Liegen und Sitzen, z.B. durch Lagerungshilfen, gezielte Rollstuhlversorgung mit entsprechendem Zubehör (Rollstuhltisch)
- therapeutische Handhabung (Handling) nach Bobath (vergl. Abb. 4)
- Umgang mit funktionsausgleichenden Alltagshilfen/Hilfsmitteln, z.B. Anti-Rutschfolie, Einhänderhaushaltshilfen

zu 2. u.a.

- Gewichtsübernahme auf die paretische oder hyperaktive Körperseite bei therapeutischen Aktivitäten
- Einbeziehen der betroffenen Seite bei lebenspraktischen Verrichtungen (ADL) (vergl. Abb. 5)
- Erhöhung der Aufmerksamkeit durch Führen und Bewegen einzelner plegischer Gliedmaßen, z.B. nach Affolter oder Perfetti (Abb. 6)

zu 3. u.a.

- einüben in folgerichtiges Planen und Ausführen von Alltagshandlungen, wie z.B. An- und Auskleiden einer Jacke; zubereiten von Kaffee oder telefonieren
- zerlegen und zusammensetzen von Puzzlen; zuordnen von Geschirr und Besteck beim Tischdecken; Textverteilung beim Schreiben

Für die ergotherapeutische Behandlung werden Erkenntnisse unterschiedlicher neurophysiologischer-neuropsychologischer Konzepte und Ansätze genutzt, bzw. umgesetzt.

Weltweit verbreitet ist hier das *Bobath-Konzept,* das im Wesentlichen folgende Therapieziele verfolgt:

- Stimulation = vielfältige Anregung des verletzten Gehirns
- Integration und Kooperation = Zusammenspiel beider Körperhälften
- Regulation und Reduktion = Hemmung von Spastizität (Hypertonus)

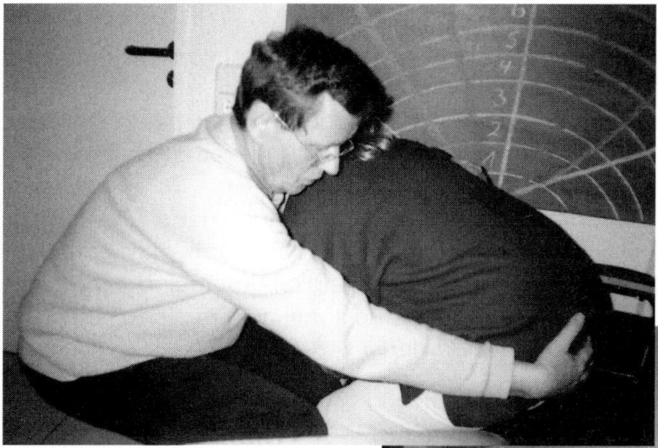

Abbildung 4

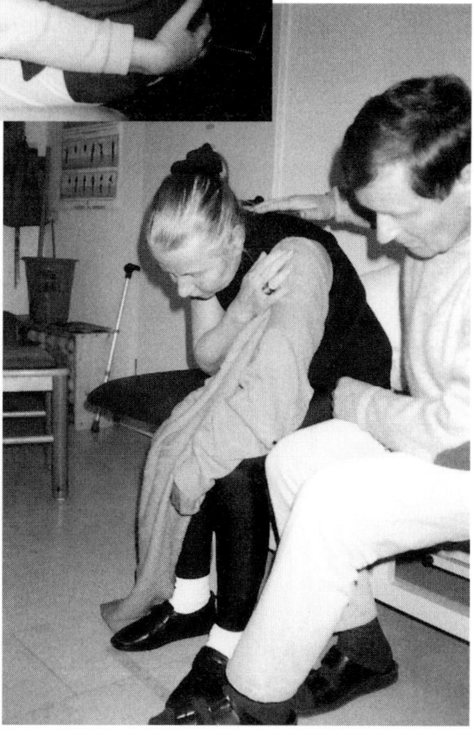

Abbildung 5

Das Bobath-Konzept steht konträr zum tradierten Kompensationsdenken, welches die Übernahme von Funktionen ausschließlich durch die verbliebene Körperseite betreibt. Reine Kompensation aber, so stellten die Bobaths fest, führt zu vermehrter Halbseitenvernachlässigung, vermehrter Ausprägung von Spastizität durch Überanstrengung und damit langfristig zu weiteren Folgeschäden.

Ein noch relativ junges Verfahren ist das *Perfetti-Konzept*. Es will ebenso wie das Bobath-Konzept nicht als starre Methode, sondern als ein sich an den Reaktionen des Betroffenen orientierter Ansatz verstanden werden, insbesondere was die Rehabilitation feinmotorischer Fähig- und Fertigkeiten des Schlaganfallpatienten anbelangt.
Es setzt primär bei den Empfindungsdefiziten an, d.h. Anbahnung des Empfindens für passives Bewegtwerden, Richtungsverhalten, Eigenbewegung und Kraftdosierung.
Durch selektives Führen und Bewegen z.B. im Finger-Hand-Ellenbogen-Schulterbereich; Fußgelenk-Knie-Hüftbereich (vergl. Abb. 6) soll die sensomotorische Eigenwahrnehmung ausschließlich durch eine konzentrative Leistung des Patienten verbessert und somit differenzierte feinmotorische Kompetenzen angebahnt werden.

Da neurologisch gesehen die Motorik und Sensorik unmitttelbar benachbarte und stark vernetzte Bereiche sind, kann es in der Ergotherapie immer nur um die Gestaltung von sensomotorisch-reintegrativen Behandlungsmaßnahmen beim Schlaganfallserkrankten gehen.
Die hier gewonnene therapeutische Basis wiederum ist Bedingung für eine erfolgreiche Therapie insbesondere bei neuropsychologischen Problemen.

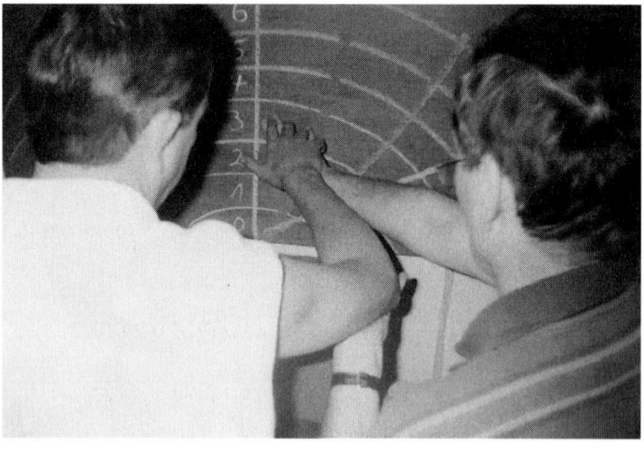

Abbildung 6

7.2 Das Parkinson-Syndrom

Bei dieser Erkrankung treten motorische Störungen als Folge eines degenerativen Prozesses in den Stammganglien auf. Die Ursachen der Parkinsonschen Krankheit sind erst teilweise erforscht, jedoch ist in allen Fällen ein Dopaminmangel nachweisbar.
Die Krankheit beginnt schleichend, oft mit Schmerzen in den Extremitäten, die leicht auch mit arthrotischen Beschwerden verwechselt werden können.
Im Gesamtverlauf lassen sich fünf Stadien beobachten, in denen sich die psychomotorischen Probleme zuspitzen können, wenn nicht rechtzeitig und langfristig der Patient medikamentös-therapeutisch eingestellt und behandelt wird (vergl. Stadienskala von Hoehn u. Yahr). Drei Hauptmerkmale stehen im Vordergrund aller therapeutischen Maßnahmen:

die Akinese = Bewegungsarmut, Bewegungshemmung
Der Patient hat bei der Einleitung von Bewegung Start- und Ausdauerschwierigkeiten, z.B. beim Losgehen wollen kann nur schwerlich der erste Schritt getan werden; längeres Gehen läßt die Schrittlänge kleiner werden, es kommt schließlich zur Gehblockade.

der Rigor = Muskelhypertonus, sich einstellende Muskelverspannung
Ein muskulärer Widerstand, der die Bewegungsabläufe starr und hölzern werden läßt. Der Betroffene kann willkürlich seine Verspannung, z.B. im Arm nicht lösen („Zahnradphänomen"). Der Rigor erschwert ihm die Ausführung schnellen Umdrehens oder einem Hindernis aus dem Wege zu gehen.

der Tremor = Schütteln, Zittern
Hier wird zwischen Ruhe- und Intentionstremor im Einzelfall unterschieden. Der Ruhetremor, auch als „Pillendreherphänomen" bezeichnet, ist in passiven Situationen, vor allem an den Händen beobachtbar. Durch gezielte Aktivitäten, z.B. durch Zufassen kann der Tremor unterbrochen werden. Beim Intentionstremor ist schon das Handlungsvorhaben tremorauslösend oder verstärkend.

Therapieindikationen für die Ergotherapie:

- *Aufdehnung der verspannten Muskulatur und symmetrische Haltungsschulung*
- *Erhalten zielgerichteter und koordinierter Bewegungsabläufe*
- *Verbesserung der psychischen Befindlichkeit*

- *praktisches Umgehenlernen mit den krankheitsbedingten Problemen*
- *Beobachtung medikamentöser Wirkungen in praktischen Aufgabenstellungen*

Handlungsorientierte Therapiemaßnahmen:

- *in die muskuläre Streckung führende Bewegungsabläufe gestalten, z.B. durch großflächiges Malen, Schreiben, Wischen; rhythmisches Bewegen nach Musik, etc.*
- *Erhalten grob- und feinmotorischer Kompetenzen in den ADL, mit und ohne Hilfsmittel*
- *Sprechübungen zum Erhalt oder Verbesserung der Kommunikationsfähigkeit;*
- *Übungen zur Kontrolle der Gesichts- und Mundmotorik (Mimik, Mundschluß)*
- *Entwickeln eines Selbsthilfeprogramms zum sicheren und ökonomischeren Hinlegen, Aufstehen, Gehen, etc. mit und ohne Hilfsmittel*

Parkinson – Stadium – Einteilung (modifiziert n. Hoehn u. Yahr)

1. Stadium	eine Köperhälfte weist erste leichte Symptome auf; die funktionelle Beeinträchtigung ist in den ADL noch gering
2. Stadium	beidseitig erkennbare Symptomatik, aber noch keine Beeinträchtigung des Gleichgewichtes, d.h. keine Gangstörungen, Stimmungsschwankungen
3. Stadium	jetzt zusätzlicher Verlust der Haltungskontrolle; sichtbare Gangunsicherheit, deutliche Verlangsamung; Schwierigkeiten beim plötzlichen Richtungswechsel
4. Stadium	voll ausgeprägte Symptomatik (Akinese, Rigor, Tremor); zusätzliche Antriebsschwäche, Startschwierigkeiten in fast allen Bewegungsabläufen; ein selbständiges Fortbewegen ohne Fremdhilfe, bzw. Hilfsmittel nur noch bedingt möglich
5. Stadium	in fast allen Bereichen der ADL schreitet die Immobilität fort; der Erkrankte ist dauerhaft auf Fremdhilfe angewiesen

Sicher ist die Basis für eine erfolgreiche Therapie beim Parkinsonerkrankten die optimale medikamentöse Einstellung. Neben physiotherapeutischen Maßnahmen setzt die Ergotherapie ihren Schwerpunkt zunächst auf die Erhaltung der Ressourcen in dem jeweiligen Stadium, um einer weiteren vorzeitigen Abhängigkeit entgegenzuwirken. Dies schließt oft eine Angehörigenberatung und die Zusammenstellung eines häuslichen Übungsprogramms mit ein.
Grundsätzlich sollte sichergestellt werden, daß ein Patient regelmäßig und rechtzeitig, z.B. vor dem morgendlichen Aufstehen, vor einer längerandauernden Aktivität oder Therapie, seine verordnete Medikation einnimmt, um erfolgreich zu sein.

Weitere gute Voraussetzungen für ein möglichst selbständiges Agieren des Patienten möchten an Beispielen der ADL „Essen und Trinken" aufgezeigt werden:

- *ein angemessenes, entspanntes Sitzen dicht am Tisch, so daß beide Unterarme, einschließlich beider Unterarme zum Aufliegen kommen, da dies z.B. beim Essen den Mund-Teller-Abstand (ca. 35 cm) verringert und die Hand-Armfunktion ausdauernder gestalten hilft*
- *eine Anti-Rutschmatte, die ein Verrutschen von Tellern, Tassen, Brotbrettchen etc. verhindert und zugleich ein kräftezehrendes Festhalten dieser Gegenstände beim Essen, Brotstreichen oder -schneiden erspart*
- *ein tiefer Teller oder eine Tellerranderhöhung, die das Aufnehmen und Abstreifen von Speiseportionen auf Löffel und Gabel erleichtert und zudem hilft, die Speise nicht über den Tellerrand hinauszuschieben*
- *ein großes, mittelschweres Trinkgefäß, das halbgefüllt, beidhändig gefaßt, ohne Verschütten der Flüssigkeit zum Mund gebracht werden kann*
- *in kleine Stückchen geschnittenes Frühstücks- oder Abendbrot, die mittels einer Gabel zum Mund geführt werden (ein zu dünner Besteckgriff ist möglicherweise erst zu verdicken)*
- *kleine Tellerportionen verhindern bei Warmmahlzeiten ein vorzeitiges Erkalten. Ebenso sind Eislöffel bei dünnflüssigen Speisen günstig einzusetzen, da der Löffelschaft die Teller-Mund-Strecke verkürzen hilft und die aufzunehmende Menge bei Patienten mit Schluckproblemen besser bewältigt werden kann.*

Sonstige ergotherapeutische Hilfen und Beispiele zum Erhalt der Selbständigkeit enthalten auch die Patienten-Informationsbroschüren der Deutschen Parkinson-Vereinigung.

7.3 Die Demenz

Selbst Fachleute, die sich speziell mit den Störungen der Hirnleistungsfähigkeit des Menschen befassen, sind in der Beschreibung des Demenzsyndroms (demens = lat. ohne Geist sein) uneinheitlich. Es werden oft gleiche Verläufe mit unterschiedlichen Begriffen definiert, so z.B. *Psychoorganisches Syndrom* (POS), *zerebrale Insuffizienz, Alzheimerkrankheit* (DAT), *zerebrale Durchblutungsstörung* (DBS), *Verwirrtheit, etc.*
Mit der Verwendung der Bezeichnung Demenz für objektivierbare Hirnleistungsstörungen wird zunächst nichts über die eigentliche Verursachung ausgesagt. Der Begriff beschreibt lediglich Leistungseinbußen, insbesondere

- der Merk- und Orientierungsfähigkeit
- der Konzentrationsfähigkeit
- der Bewältigung alltäglicher Aufgaben und Problembewältigung
- und die Urteils- sowie Kritikfähigkeit des Betroffenen gegenüber seinem eigenen Handeln.

Der dementielle Prozeß kann einmal als *langsam-schleichender, sich allmählich verschärfender,* zum anderen als ein *plötzlich auftretender, zeitlich schwankender* beobachtet werden, was entweder auf degenerative oder vaskuläre Ursachen hinweist (vergl. Demenzformen).
Eine verläßliche Diagnose ist nur möglich, wenn die Symptome mindestens über einen Zeitraum von sechs Monaten registriert worden sind (Füsgen).
Zur Markierung des Stadiums, in dem ein Dementkranker für die Ergotherapie verordnet wird, könnte folgende *Einschätzungshilfe* dienen:

1. frühes Stadium (geringe kognitive Leistungseinbuße)
In diesem Stadium werden die Veränderungen noch nicht unbedingt als Demenzsignale identifiziert. Störungen der Merkfähigkeit, des Kurzzeitgedächtnisses, Konzentrations- und Orientierungsstörungen, sowie Störungen der Kritik- und Entscheidungsfähigkeit werden anders gedeutet, manchmal bagatellisiert. Bei anhaltender Leistungseinbuße wird häufig bei noch Berufstätigen eine vorzeitige Berentung, in Einzelfällen auch ein Wohnungswechsel angestrebt, was allerdings meistens bei den Betroffenen durch die mangelhafte Krankheitseinsicht auf Widerstand stößt.

2. Stadium (mittelschwere kognitive Leistungseinbuße)
Hier sind eindeutig komplexe Hirnleistungsstörungen registrierbar: Gedächtnisverluste, Konzentrationsmängel, Desorientiertheit – auch im Blick

auf die eigene Person. Desweiteren sind massives Leugnen von Defiziten, Vermeidungsverhalten in bezug auf Anforderungssituationen, z.B. Konfabulation, aber auch affektive Abstumpfung festzustellen.

3. fortgeschrittenes Stadium (schwere kognitive Leistungseinbuße)
Der Erkrankte erinnert sich immer schwerer auch an persönliche Daten, Namen von Angehörigen, Kindern, ja den eigenen. Seine Biografie ist nur noch bruchstückhaft präsent. Inkontinenzprobleme beginnen neben Wortfindungsstörungen und apraktischem Handeln aufzutreten. Dauerhafte Betreuung wird jetzt notwendig. Erste psychomotorische Störungen, wie nächtliche Unruhezustände, häufiges Stolpern oder Hinfallen, sind zu beobachten.

4. spätes, terminales Stadium
In einen adäquaten Kontakt mit dem Betroffenen zu treten ist fast unmöglich. Kau- und Schluckprobleme sind hinzugekommen. Die Gehunfähigkeit, bedingt durch den Gleichgewichts- und Koordinationsverlust, bringt Immobilität und letztlich dauerhafte Bettlägerigkeit. Der Tod ist in der Regel eine Folge mehrerer dieser zuletzt benannten Komplikationen.

Demenzformen (modifizierte Einteilung n. Füsgen zur besseren Differenzierung und Abgrenzung)

1. primär degenerative Demenzformen

a) hirnorganische Demenzen:
- Morbus Alzheimer / Demenz v. Alzheimer Typ (DAT)
- Morbus Pick
- Morbus Parkinson

b) vaskuläre Demenzen:
- Multiinfarkt-Demenz (MID
- Arteriosklerose (DBS)
- Transischämische Attacke (TIA)

2. sekundäre Demenzformen

a) internistisch bedingte Hirnleistungsstörungen z.B. durch
- Herzinsuffizienz
- Niereninsuffizienz
- Intoxikationen
- Stoffwechselerkrankungen

b) andere neurologische Grunderkrankungen z.B.
- Enzephalitiden
- Multiple Sklerose
- Hirntumore

3. Pseudodemenzen

- Depressionen
- psychosozial bedingte Ursachen, wie Vereinsamung, mangelndes Reizangebot etc.

Therapieindikationen für die Ergotherapie

- *differenzierte Beobachtung und Einschätzung*
- *erhalten der Hirnleistungsressourcen*
- *fördern der Fähig- und Fertigkeiten*
- *strukturieren der Alltagshandlungen*
- *heben des Selbstwertgefühls durch selbstbestätigende Tätigkeiten*
- *Vermeidung vorzeitiger Immobilität und sozialer Isolation*

Handlungsorientierte Therapiemaßnahmen

Alle Maßnahmen sollten darauf gerichtet sein, in jedem Falle die Hirnleistungsressourcen zu erhalten und, wo immer möglich, zu verbessern. Gleichwertig sind dabei auch alle Bemühungen, symptomverstärkende Ursachen herauszufinden und abzustellen, z.B. gleichaussehende Flure und Räumlichkeiten in einer stationären Einrichtung so *wegweisend* umzugestalten, daß die Orientierung für Demente erleichtert wird.
Drei Praxiskonzepte sollen nachfolgend kurz beschrieben werden, die einem angemesseneren Umgang mit dieser Personengruppe zugrunde gelegt werden können, aus denen wiederum eine Fülle von Einzelmaßnahmen ableitbar sind:

a) das Realitätsorientierungstraining (ROT)
b) das Validationskonzept
c) das Konzept der basalen Stimulation

a) das Realitätsorientierungstraining

Es wurde bereits 1958 in Topka/Kansas (USA) entwickelt. Die Umsetzung sollte auf drei Ebenen erfolgen als

- Umfeld – ROT
- 24-Stunden-ROT und als
- Gruppen-ROT

Mißverständlich mag der Begriff *Realität* im Deutschen klingen, wenn dahinter vermutet wird, den Dementen in die *gesunde Wirklichkeit* zurückzuholen, ihm unsere *Wirklichkeit* zu vermitteln. Solch ein Vorhaben muß letztendlich scheitern.
Gemeint ist vielmehr, zunächst die Realität des Erkrankten zu akzeptieren und unsere Wirklichkeit mittels einfacher, *orientierender* Hilfen dem Dementen anzupassen. Das bedeutet in der praktischen Umsetzung z.B. im

a) Umfeld-ROT = uniform ausgestattete Zimmer in einem Heim möglichst mit vertrauten Möbeln, Bildern und anderen persönlichen Gegenständen auszugestalten.
Ebenso schwer unterscheidbare lange Flure, gleichaussehende Zimmertüren eventuell durch Sitznischen, Raumteiler, farbige Türklinken, Namenssymbole etc. im Sinne einer erleichternden Orientierung zu verändern.

Großdruckkalender, Spiegel und Bahnhofsuhren aufzuhängen, sind weitere Empfehlungen aus diesem Konzept (vergl. *Grond* 1986).

b) das 24-Stunden-ROT = Das betreuende Personal übt sich nach diesem Ansatz in einfacher Sprache. Kurze Sätze, wiederholende Fragen und einfache Handlungsaufträge sind verbale Orientierungshilfen.

Z.B. wird bei der Begrüßung nicht unbedingt vorausgesetzt, daß der Demente wissen muß, wer ihn da begrüßt oder welcher Tag heute ist, sondern die Anrede enthält *orientierend-entlastende* Informationen, wie:

„Guten Morgen, Herr Müller! Heute ist Montag. Es ist gleich 9 Uhr. Ich darf Sie jetzt zur Montagsrunde abholen."

Besonders effektiv wirkt das 24-Std.-ROT, wenn alle betreuenden Personen über die Vorgehensweise informiert sind und danach verfahren.

c) das Gruppen-ROT = Auch als *classroom-ROT* bekannt, will Demente in geselligem Rahmen (Kleingruppe) gemeinsam aktiv werden lassen, z.B. über das gemeinschaftliche Sich-erleben, Sich-erinnern, im Spiel, beim Bewegen nach Musik, Erzählen, Kochen, Backen etc., um der Regression, Apathie und Isolation entgegenzuwirken, andererseits den *Schüler-Lehrer-Effekt* zu vermeiden.

In die Kritik geriet das ROT in den 80er Jahren, da mit der Zunahme Schwerkranker nur therapeutische Antworten für Demente bis zum 3. Stadium gegeben werden konnten.
Für Personen, bei denen ein kognitiver Zugang immer schwieriger wird, die aber über die *emotionale Antenne* eher erreichbar sind, empfiehlt sich

b) das Validationskonzept (Validation in freier Übersetzung = Wertschätzung, annehmen, akzeptieren)

Der in den USA in den 80er Jahren von V. Feil entwickelte Ansatz zielt auf den in seiner gesamten Wahrnehmung veränderten, verunsicherten und verängstigten Dementen, dessen *Realität* für uns Gesunde immer unverständlicher wird. Für den Therapeuten gilt es, das Verhalten des

Erkrankten als *verschlüsselte Realität* zu begreifen, der aus gefühlsbetonten Phantasien und Erinnerungsfetzen besteht. Seine therapeutische Absicht ist nicht, ihn kognitiv zu erreichen, seine Kognition verbessern zu wollen, sondern ihn eher im Sinne eines *emotionalen Orientierungstrainings (EOT)* gefühlsmäßig zu stabilisieren, zu beruhigen, menschliche Zuwendung zu geben. Der Zugang zu der dementen *Realität* kann möglicherweise durch eine *validierende Kommunikation* erfolgen. Das nachfolgende Beispiel möchte das verdeutlichen:

Frau X steht aufgeregt vor der verschlossenen Stationstür und ruft laut:

> *Hallo! Ich muß nach Hause! Bringt mich nach Hause! Meine Kinder! Hallo! Hilfe!*

Die *validierende* Entschlüsselung der geäußerten Botschaften von Frau X wären:
signalisierte Unruhe – Aufregung – Panik – Verzweiflung, aber Erinnerung an Kinder, Pflichtbewußtsein als *gute* Mutter, Rollenbewußtsein einer noch jungen Frau.
Ein therapeutisches Eingehen auf diese so erlebte Situation der Frau X nach dem Ansatz der Validation könnte sich so ereignet haben:

ET:	Frau X, Sie sind sehr aufgeregt.
Frau X:	Ja, da sind Sie ja. Ich muß nach Hause! Schnell! Bring mich nach Hause!
ET:	Sicher müssen Sie schnell nach Hause!
Frau X:	Zu den Kindern!
ET:	Sie fürchten, die Kinder machen sich Sorgen, wo die Mutter ist!
Frau X:	Machen sich Sorgen. (Frau X seufzt, wirkt etwas ruhiger)
ET:	Sie haben sich immer sehr um ihre Kinder gesorgt. (Pause)
ET:	Kinder warten nicht gern auf die Mutter. (Beide gehen jetzt miteinander von der Tür weg.)
Frau X:	Die Kinder warten.
ET:	Drei Kinder machen viel Arbeit.
Frau X:	Viel Arbeit. Kinder haben Hunger. (Beide setzen sich auf ein Sofa im Flur.)
ET:	Was essen die Kinder am liebsten?
Frau X:	Suppe.

ET: Was tun Sie immer in die Suppe?
(Pause)
Frau X: Kartoffel.
ET: Was kommt sonst noch in die Suppe?
Frau X: Knochen. Was sonst?
(Pause)
Frau X: Was fragst Du?
ET: Frau X, Sie sind eine erfahrene Köchin! Jetzt weiß ich, was in die Suppe gehört! Vielen Dank.
Frau X: Keine Ursache.

Danach guckt Frau X den ET verblüfft einen Moment verdutzt an, lächelt, steht auf und geht wortlos den Flur entlang, die Handtasche fest im Griff.

c) das Konzept der basalen Stimulation,
von Fröhlich begründet, von Bienstein auf die pflegerische Praxis erweitert, versucht den Zugang beim schwerst veränderten Dementen über die taktile Wahrnehmung primär zu erreichen. Dem Kranken stehen keine kognitiven Leistungsressourcen mehr zur Verfügung. Durch das Fühlen und Schmecken wird primär seine Umwelt erfahrbar. Z.B. über das Angefaßtwerden wird er eine freundliche oder eher unangenehme Erfahrung machen und entsprechend reagieren.
Die basale Stimulation ist hierzulande ein noch junges Konzept. Es wird derzeit vor allem in den Aus- und Weiterbildungen für Pflegekräfte vermittelt, um die Zugangsvoraussetzungen, vor allem bei bereits Bettlägerigen, z.B. bei Verrichtungen der Körperpflege, sowie beim Essen und Trinken zu erleichtern.

Bei allen drei Konzepten wird auf eine Haltungsveränderung gegenüber dementen Personen hingearbeitet. Jeder Konzeptansatz versucht zunächst den *Menschen, die Persönlichkeit* in den Vordergrund zu stellen, nicht die *Defizite, die Krankheit.*
Der Umgang mit den aus der Demenz resultierenden Veränderungen ist das Primärziel, nicht unbedingt die Korrektur im Sinne der *Normalität.*
Abschließend versucht der Autor einige Umgangsregeln zu formulieren, um die er sich in seiner Arbeit mit dementiell veränderten Personen immer wieder bemüht:

10 Regeln für den therapeutischen Umgang mit Dementen

1. Bemühen Sie sich um einen einfühlsamen, verständnisvollen, aber klaren und bestimmten verbalen Umgang.
2. Kommunizieren Sie in kurzen, einfachen Sätzen und achten Sie mehr auf die Mimik und Gestik Ihres Gegenüber, als auf das tatsächlich Gesagte.
3. Versuchen Sie, die Veränderungen und Auffälligkeiten Ihres Gegenüber zu akzeptieren, da der Betroffene aus sich heraus diese nicht verändern kann.
4. Versuchen Sie herauszufinden und zu benennen, was der Demente noch alleine kann, anstatt über die Symptome zu lamentieren.
5. Wählen Sie für den Erkrankten vertraute, einfache Aufgabenstellungen, die mit der Alltagswirklichkeit dieser Person zu tun haben und erweitern, bzw. erschweren Sie diese nach Bedarf.
6. Verhalten Sie sich geduldig, abwartend bezüglich der Reaktionen und Entgegnungen des Dementen, denn er braucht für alles länger als wir.
7. In Konfliktsituationen denken Sie daran, daß der Erkrankte aufgrund seines eingeschränkten Erinnerungsvermögens schneller durch Ablenkung darüber hinwegkommt, als durch sinnlose Diskussionen.
8. Sorgen Sie nach Möglichkeit für Beständigkeit im Tagesrhythmus und für gleichbleibende Handlungsabläufe.
9. Loben Sie den Dementen für richtiges Reagieren und Verhalten mit ein paar bestätigenden Worten, Berührung oder Lächeln, denn das gibt ihm Orientierung und Sicherheit.
10. Vermeiden Sie kognitive Überforderungen durch zuviel Reizangebot, wie z.B. Lärm, unübersichtliche Räume, große Gruppen in zu großen Räumen, Tische mit zu vielen verschiedenen Gegenständen etc.

Die Zahl *10* ist willkürlich gewählt und steht für *unbegrenzt*. Der Leser ist eingeladen, sich durch die vorangegangene Auflistung anregen zu lassen, über weitere Punkte nachzudenken und diese Auflistung zu ergänzen.

7.4 Die Chronische Polyarthritis (CP)

Die CP gehört zu den entzündlichen rheumatischen Erkrankungen, die schubweise auftreten. Sie befällt insbesondere einzelne oder zahlreiche kleinere und mittlere Gelenke, wie Sehnenscheiden. Meistens sind die Arme, Hände, Knie und Füße betroffen.
Die Ursachen konnten bislang nicht endgültig geklärt werden. Die Wissenschaft vermutet u.a. genetische Veranlagung und körpereigene, pathologische Gewebereaktionen.
Die CP verläuft in mehreren Phasen:

Merkmale der 1. Phase sind:
- Gelenkkapselschwellungen
- Funktionseinbußen
- Schmerzen
- Schonhaltung

Merkmale der 2. Phase sind u.a.:
- Verhärtungen durch Verknorpelung an den Gelenken
- Gelenksfehlstellungen, Abweichung von der mittleren Achsenstellung/0-Stellung

Merkmale der 3. Phase sind u.a.:
- die deformierten Gelenke
- subluxierte Gelenke
- die Ulnardeviation der Fingergrundgelenke
- das Carpaltunnelsyndrom
- Schmerzfreiheit bei „ausgebrannter“ CP

Therapieindikationen für die Ergotherapie

- *Erlernen der Grundregeln des Gelenkschutzes*
- *Stabilisieren der Funktionsstellung der Gelenke, aktiv wie passiv*
- *Erhalten größtmöglicher Selbständigkeit durch ökonomische und gelenkentlastende Arbeitstechniken in den ADL,* mit und ohne Hilfsmittel

Handlungsorientierte Therapiemaßnahmen

- *motorisch-funktionelles Training zur Erhaltung und Verbesserung des Greifens und Haltens*
- *Selbsthilfetraining in Bereichen der persönlichen Hygiene, des Essens und Trinkens, des Kleidens, etc.*
- *Schienen- und Hilfsmittelversorgung*

Bei allen Maßnahmen darf nie über die Schmerzgrenze hinaus gegangen werden. Ebenso sind Überanstrengungen zu vermeiden. Im Sitzen ist eine entspannte Haltung anzustreben, damit statischen Fehlhaltungen entgegengewirkt wird.
Desgleichen schaden unkontrollierte Zug- und Stoßbewegungen (z.B. Hämmern). An Werkstoffen empfehlen sich eher warme, trockene Materialien, wie Wolle, körpertemperierte Therapieknete.
Bei Eßbestecken und Küchengerät mit metallischen Griffen ist es ratsam, diese u.a. wegen des kraftsparenden Haltens und der Druckentlastung mit Isolierschaumstoff zu überziehen.

Gelenkschutz

Was ist das? Änderung der gewohnten Verhaltensweisen bei allen Tätigkeiten des täglichen Lebens und Einhaltung der Grundregeln zum Schutz der Gelenke.

Wozu? Einmal zur Entlastung der Gelenke durch achsengerechten, ökonomischen Gebrauch, zum anderen, gesundes Muskelmaterial aktiv zu halten, einem Schonverhalten entgegenzuwirken.

Wobei? Angefangen vom *richtigen* Liegen, Sitzen, Aufstehen, über tagtägliche Verrichtungen, wie bei der Körperpflege, Kleiden, Essen und Trinken, bis hin zur Haushaltsführung, Freizeit und Beruf.

Grundregeln:

1. einseitige, einförmige Belastung vermeiden

   z.B. zum Halten eines Buches besser eine Buchstütze benutzen;

   zum erleichterten Aufstehen den Sitz erhöhen

2. Verteilung von Belastung und Gewicht

   z.B. statt einseitigem Tragen einer Einkaufstasche – besser Schultertasche oder Einkaufswagen nehmen;

   statt einseitigem Anheben einer Tasse – besser mit beiden Händen

3. Achsengerechtes Arbeiten

   z.B. das Aufdrehen von Flaschen, Gläsern, Wasserhähnen etc. mit speziellen Hilfsmitteln besorgen;

   das Brotschneiden und -bestreichen – besser mit einem Fuchsschwanzmesser und mittels verdickter Griffe besorgen

4. Keine Schlagbewegungen ausführen

5. Ruhepausen den Gelenken zwischendurch geben

   d.h. das richtige Maß von An- und Entspannung herausfinden

6. Täglich alle Gelenke *richtig* durchbewegen

   d.h. mittels therapeutischer Bewegungs- und Ausgleichsübungen die Gelenke aktiv in Funktionsstellung beüben

(nach Empfehlungen der Deutschen Rheuma-Liga)

7.5 Beinamputation

In den letzten Jahren stieg die Zahl der Ober- und Unterschenkelamputationen bei älteren Menschen.
Ursachen, die zu einer Amputation der unteren Extremität führen können sind vor allem:

- *periphere Gefäßinsuffizienzen und*
- *arterielle Verschlußerkrankungen, aber auch*
- *Wundinfektionen und*
- *malinge Tumore.*

Optimale Voraussetzungen, die für eine prothetische Versorgung des Patienten sprechen, sind u.a.:

- *Fortbewegungswillen (Eigenmotivation)*
- *aktive Auseinandersetzung mit dem Leben nach der Amputation*
- *Akzeptanz gegenüber der prothetischen Versorgung*
- *optimale Stumpfbeschaffenheit, die ein baldiges Training zuläßt*

Weniger günstige Voraussetzungen, die eine Prothesenversorgung erschweren oder auch unmöglich machen können:

- *Multimorbidität*
- *das kontralaterale Bein ist ebenfalls betroffen*
- *Rezidivgefahr*
- *schlechte, verzögerte Wundheilung am Stumpf*
- *Schmerzen bei kurzfristiger Belastung*
- *ungünstige Umfeldbedingungen für ein Training*

Therapieindikationen für die Ergotherapie:

- *Erhöhung der Konzentration und Aufmerksamkeit*
- *Erhöhung der Eigenmobilität, z.B. Bett-Rollstuhltransfer mit und ohne Hilfsmittel*
  (Rutschbrett, Drehscheibe)
- *Kräftigung der Oberarme, z.B. durch Gewichteziehen*
- *präventives Rollstuhltraining, z.B. für längere Wegstrecken in der ersten Phase der Gehschule, die möglicherweise sehr anstrengt*

Handlungsorientierte Maßnahmen:

- *ADL-Training, z.B. Transfers zur Verrichtung der Körperpflege, Einnehmen der Mahlzeiten am Tisch etc.*

- *Rollstuhltraining in einem Beidhänder-Standardrollstuhl* (Wichtig ist bei Personen mit doppelseitiger Beinamputation, an einen Krankenfahrstuhl mit verlängertem Radachsenstand zu denken!)
- *erweitertes Selbsthilfetraining zum eigenständigen An- und Auskleiden der Prothese* (Abb. 7-9).

Allgemeine Anmerkung zur Prothesenversorgung:

Grundsätzlich gilt die Faustregel, *daß ein Mensch stets so alt ist, wie seine Gefäße.* Auch mit 55 Jahren kann eine gefäßveränderte Person schon ein geriatrischer Patient sein.

An Prothesenarten werden Unter- und Oberschenkelprothesen unterschieden. Oft wird nach der Amputation eine Erst- oder Behelfsprothese zum Training eingesetzt. Nach ca. zwei Wochen, wenn keine weiteren Stumpfveränderungen mehr zu erwarten sind, wird das endgültige Körperersatzstück angefertigt. Die Saugprothese mit Gurtsystem wird in den häufigsten Fällen verordnet.

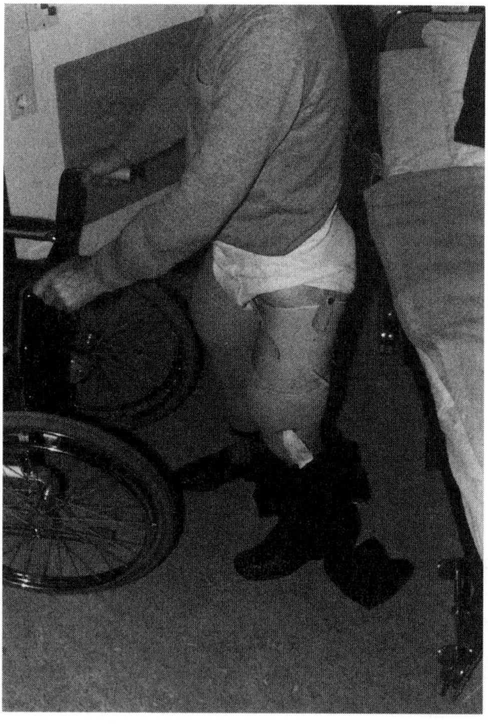

Abbildung 7

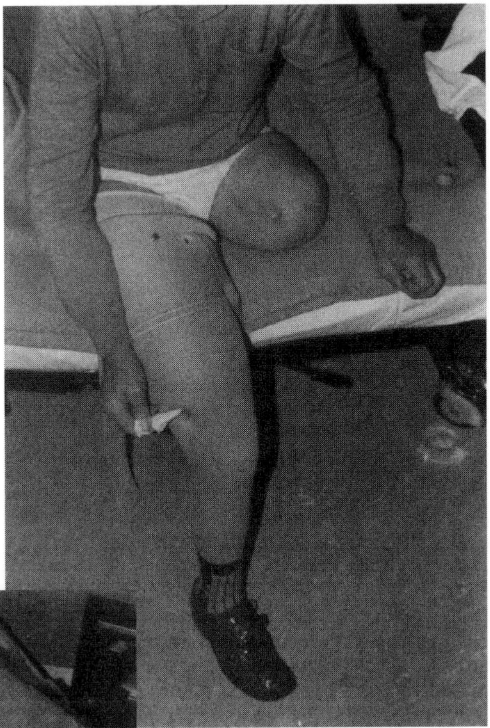

Abbildung 8

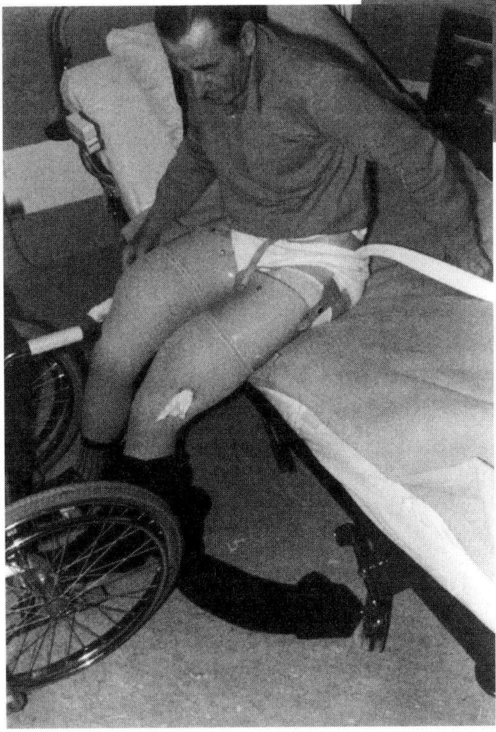

Abbildung 9

Schlußteil

Weiterführende Literatur und Quellenangaben

zu 1.

Daimler, R.,/Glaske, G.: Altern ist keine Krankheit, Köln 1988

Wunderli, J./Meier-Baumgartner, H.P.: Mensch und Altern, Basel 1984 (4. Aufl.)

Kuratorium Deutsche Altershilfe, Informationsschrift „Hilfe und Pflege im Alter“, Köln 1994

zu 2.

Schütz/Schmidt/Tews (Hrsg.): Altern zwischen Hoffnung und Verzicht, Lübeck 1991

Wirsing K.: Psychologisches Grundwissen für Altenpflegeberufe, München 1987

zu 3.

Bundesarbeitsgemeinschaft für Rehabilitation: Arbeitshilfe zur Rehabilitation älterer Menschen, Heft 6, Frankfurt 1990

Füsgen, I.: Alterskrankheiten und stationäre Rehabilitation, Stuttgart 1988

Füsgen, I., Gadomski: Der geriatrische Patient, München 1989

Schütz, R. (Hrsg.): Praktische Geriatrie, Nr. 5, Lübeck 1985

Matthes, W.: Pflege als rehabilitatives Konzept, Hannover 1993, (2. Aufl.)

Schmidt-Carlshausen, U.: Motivation des Patienten zur Rehabilitation, Idstein 1995, (4. Aufl.)

Bischoff, G.: Ergotherapeutische Arbeitsbereiche in der Geriatrie, Idstein, 1995, (2. Aufl.)

zu 4.

Dohm/Raps: Gesetz über den Beruf des Beschäftigungs- und Arbeitstherapeuten, Bad Godesberg 1977

Neue Reihe Ergotherapie: Indikationskatalog Ergotherapie, Idstein 1995, (5. Aufl.)

Berting, C.: Ein Hausbesuch, Fachzeitschrift Beschäftigung und Rehabilitation, 5/1983

Klienke, C./Knebel, H.: Ergotherapie im Rahmen der Sozialisation, Fachzeitschrift Beschäftigung und Rehabilitation, 2/1989

zu 5.

Wais, M.: Neuropsychologische Diagnostik für Ergotherapeuten, Dortmund 1990

zu 6.

Bobath, B.: Die Hemiplegie Erwachsener, Stuttgart 1993 (5. Aufl.)

Bollinger, T.: Rollstuhltraining in der Ergotherapie, Zeitschr. „Praxis Ergotherapie" 5/91

Eggers, O.: Ergotherapie bei Hemiplegie, Heidelberg 1990 (3. Aufl.)

Geisseler, T.: Halbseitenlähmung – Hilfe zur Selbsthilfe, Heidelberg 1991

Hasselblatt, A.: Ergotherapie in der Orthopädie, Köln 1992

Stolarz, H.: Wohnraumanpassung, KDA-Reihe „Vorgestellt" (Nr. 57), Köln 1995

Ministerium f. Arbeit u. Soziales (NRW): Wohnraumanpassung und Finanzierung, Informationsbroschüre, Düsseldorf 1994

Füsgen, I.: Leben mit Hirnleistungsstörung, München 1993

Hatch, F./Maietta, L./Schmitt, S.: Kinästhetik, Eschborn 1993

Pape, A.: Heben und heben lassen, München 1994 (2. Aufl.)

Roper, N.: Die Elemente der Krankenpflege, Basel 1987

zu 7.1

Poek, K.: Neurologie, Heidelberg 1992 (8. Aufl.)

Schütz, R./Meier-Baumgartner, H.P.: Der Schlaganfall-Patient, Bern 1994

Davies, P.M.: Hemiplegie, Heidelberg 1991 (2. Aufl.)

Davies, P.M.: Im Mittelpunkt, Heidelberg 1991

Urbas, L.: Die Pflege des Hemiplegiepatienten nach dem Bobath-Konzept, Stuttgart 1994

Affolter, F.: Wahrnehmung, Wirklichkeit und Sprache, Villingen-Schwenningen 1987

Conti, F.M.: Therapeutische Übungen nach Perfetti („L'esecizio therapeutico conoscitivo"),

Tschugg 1995

Schalch, F.: Schluckstörungen und Gesichtslähmung, Stuttgart 1992, (3. Aufl.)

Deutsche Schlaganfall-Stiftung, Postfach 104, 33311 Gütersloh, Informationsmaterial

zu 7.2

Duvoisin, R.C.: Die Parkinson-Krankheit, Stuttgart 1989 (2. Aufl.)

Fries, W./Liebenstund, I.: Krankengymnastik beim Parkinson-Syndrom, München 1992

Deutsche Parkinson-Vereinigung, Moselstr. 31, 41464 Neuss, Informationsmaterial

zu 7.3

Füsgen, I.: Demenz, München 1991

Schmidt/Stefan (Hrsg.): Der dementiell erkrankte ältere Mensch, Berlin 1986

Grond, E.: Die Pflege verwirrter alter Menschen, Freiburg 1986

Zgola, J.M.: Etwas tun, Bern 1989

Stengel, F.: Gedächtnis spielend trainieren, Stuttgart 1987

Rigling, P.: Hirnleistungstraining, Dortmund 1988

Rasehorn/Weitzel-Polzer/Brühl: Therapie-Kartei, Hannover 1990

Fröhlich, A.: Basale Stimulation, Düsseldorf 1995

zu 7.4

Stiftung Warentest, Ratgeber-Reihe: Rheuma – Arthrose – Gicht, Berlin 1992

Brattström, M.: Gelenkschutz und Rehabilitation, Stuttgart 1986

Deutsche Rheuma-Liga, Rheinallee 69, 53173 Bonn, Informationsmaterial

Glossar

Verwendete Abkürzungen

ADL	=	Aktivitäten des täglichen Lebens
DZVP	=	Deutsche Zentrale f. Volksgesundheitspflege
KDA	=	Kuratorium Deutsche Altershilfe
WHO	=	World Health Organisation
SGB	=	Sozialgesetzbuch
RVO	=	Reichsversicherungsordnung
POS	=	Psychoorganisches Syndrom
DAT	=	Demenz vom Alzheimer Typ
DBS	=	Durchblutungsstörung
ROT	=	Realitätsorientierungstraining
TEP	=	Totalendoprothese
CO	=	chronische Polyarthritis
NRW	=	Nordrhein-Westfalen

Begriffsdefinitionen

Gerontologie:	Lehre von den Alterungsprozessen
Geriatrie:	Lehre von den Alterserkrankungen
Prävention:	Vorbeugung
Rehabilitation:	Wiederherstellung
Kinästhetik:	Lehre von den guten, normalen, harmonischen Bewegungen
multimorbid:	mehrfacherkrankt